超簡單！
基礎針法打造甜美時尚

手織
輕手感毛線衣

Natural & Sweet

CONTENTS

方領抽繩背心

這件帶有少女風格的背心,以抽繩的位置為交界處變換不同花紋。給人清爽印象的方領領圍與袖襱部分的編織方法也很簡單。從P.6開始將解說鉤織的步驟,請一邊參考作法一邊鉤織吧!

1
背心

鉤織方法…P.6

毛線…Wister Nature合太(中粗)
設計…高橋克代

使用毛線
Wister Nature合太（中粗）
原色（1）200g

成品尺寸
胸圍88cm　肩32cm　衣長55cm

工具
ETIMO有柄鉤針　5/0號

密度
織片A　1組花樣＝2.8cm　14段＝10cm
織片B　1組花樣＝2.6cm　14段＝10cm
織片C　23針＝10cm　10段＝10cm

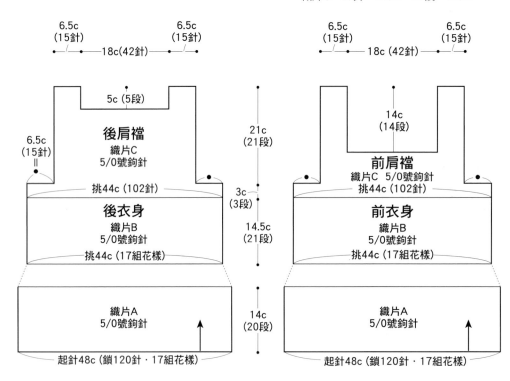

6.5c（15針）　6.5c（15針）
18c（42針）

6.5c（15針）　6.5c（15針）
18c（42針）

5c（5段）

後肩檔
織片C
5/0號鉤針

14c（14段）

前肩檔
織片C　5/0號鉤針

21c（21段）

6.5c（15針）

挑44c（102針）

後衣身
織片B
5/0號鉤針

挑44c（17組花樣）

挑44c（102針）

前衣身
織片B
5/0號鉤針

挑44c（17組花樣）

3c（3段）

14.5c（21段）

織片A
5/0號鉤針

織片A
5/0號鉤針

14c（20段）

起針48c（鎖120針・17組花樣）

起針48c（鎖120針・17組花樣）

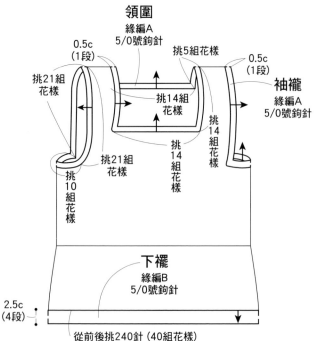

領圍
緣編A
5/0號鉤針

0.5c（1段）

挑21組花樣

挑5組花樣

0.5c（1段）

袖襱
緣編A
5/0號鉤針

挑14組花樣

挑21組花樣

挑14組花樣

挑10組花樣

挑14組花樣

下襬
緣編B
5/0號鉤針

2.5c（4段）

從前後挑240針（40組花樣）

緣編A的編織記號圖

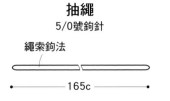

1組花樣　起針處

抽繩
5/0號鉤針

繩索鉤法

165c

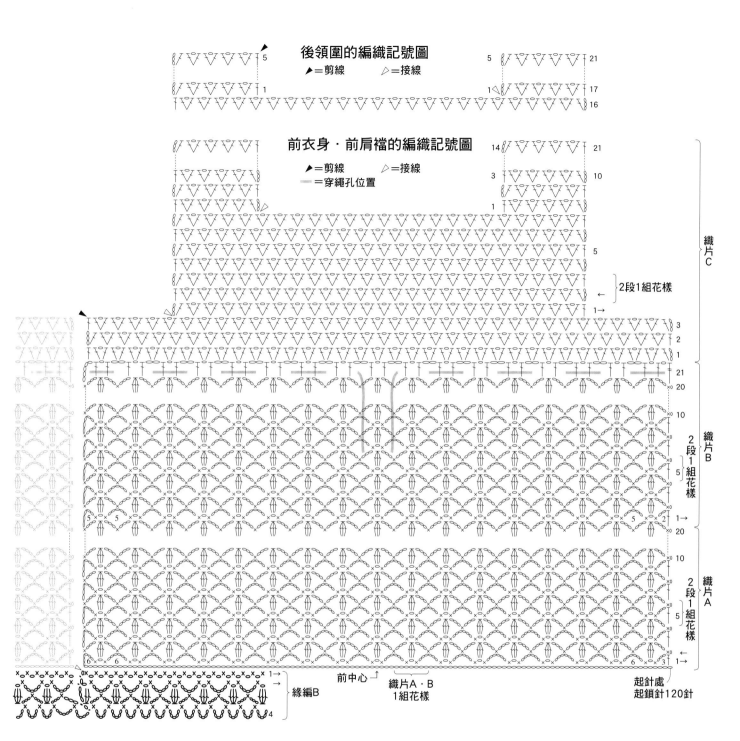

後領圍的編織記號圖

▶=剪線　▷=接線

前衣身・前肩襠的編織記號圖

▶=剪線　▷=接線
━=穿繩孔位置

織片C

2段1組花樣

織片B
2段1組花樣

織片A
2段1組花樣

緣編B

前中心

織片A・B
1組花樣

起針處
起鎖針120針

重點解說

織片A

1

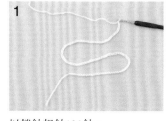

以鎖針起針120針。

2

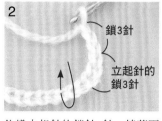

鎖3針
立起針的
鎖3針

鉤織立起針的鎖針3針。接著再鉤織鎖針3針，鉤針依圖中箭頭方向穿入。

3

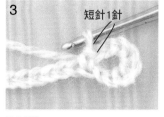

短針1針

鉤短針。

4

鎖1針

鉤鎖針1針，跳過起針的1針鎖針，鉤針穿入。
※接次頁。

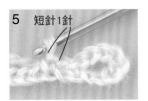

5 短針1針

鉤短針。

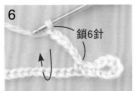

6 鎖6針

鉤鎖針6針，跳過起針的鎖針4針，將鉤針穿入，鉤短針。

7

依鎖針1針、短針1針、鎖針6針、短針1針的順序重複鉤織。

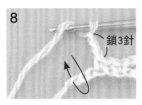

8 鎖3針

第1段的最後鉤鎖針3針，掛線後將鉤針依箭頭方向穿入。

9

鉤長針。

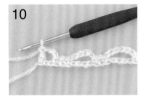

10

第1段鉤織完成時的狀態。

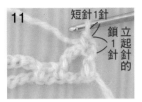

11 短針1針 鎖立起針的1針

將織片翻至背面，鉤織第2段。鉤立起針的鎖針1針、短針1針。

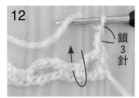

12 鎖3針

鉤鎖針3針，掛線後將鉤針依箭頭方向穿入。

13

掛線，挑出毛線。

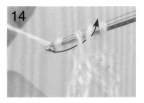

14

掛線，依箭頭方向將毛線從2個線圈中鉤出。

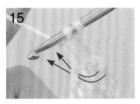

15

至此鉤織了未完成的長針1針。以相同方式，將鉤針穿入與步驟12同樣的位置，再鉤織2針未完成的長針。

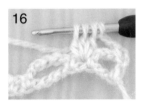

16

未完成的長針鉤織3針後的狀態。

※「未完成」是指織目再經過1次引拔，即可完成的狀態。

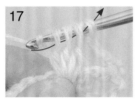

17

掛線，依箭頭方向將毛線從所有線圈中一次鉤出。

18

毛線鉤出後的狀態。完成「長針3針的玉針針目」。

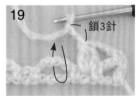

19 鎖3針

鉤鎖針3針，將鉤針依箭頭方向穿入。

※像上圖般，將鉤針穿入前段鎖針的下方空間，將全部鎖針挑起的動作稱為「挑束」。在前段為鎖針的情況下，大多採用此方式挑針。

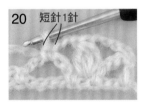

20 短針1針

鉤1針短針。

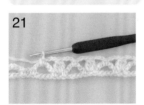

21

重複步驟12～20。

22

第2段鉤織完成時的狀態。

23

重複鉤織第1段和第2段。從前段的鎖針挑針時，整束挑起鉤織。（參照步驟19）

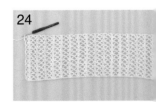

24

第20段鉤織完成時的狀態。

織片B

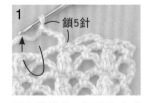

1 鎖5針

以鉤織織片A相同的方式鉤織片B，但第1段的鎖針鉤5針。

2

第2段與織片A的編織方法相同。

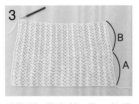

3 B A

重複第1段與第2段，鉤織20段。與織片A相比，因為第1段的鎖針針數較少，所以寬度也會窄一些。

4 鎖4針

第21段以鎖針4針做立起針，繼續鉤鎖針和長針。

5 長長針

最後鉤長長針。上圖為第21段鉤織完成時的狀態。

織片C

1 鉤立起針的鎖針3針，掛線後，將鉤針依箭頭方向穿入前段最後的長長針，鉤長針。

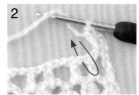

2 掛線，將鉤針依箭頭方向穿入（參照P.6的19）挑束，鉤長針。

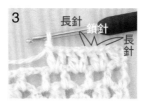

3 參照編織記號圖，重複鉤長針和鎖針。長針是將前段的鎖針整束挑起後鉤織。

4 第1段鉤織完成時的狀態。

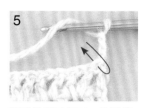

5 將織片翻至背面，鉤織第2段。鉤立起針的鎖針3針，掛線後將鉤針依箭頭方向穿入，鉤長針。

6 掛線，將鉤針依箭頭方向，穿入前段的長針針目。

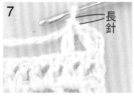

7 鉤長針。

8 鉤鎖針1針，掛線後將鉤針依箭頭方向，穿入與步驟6相同的針目中。

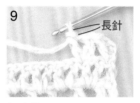

9 鉤長針。

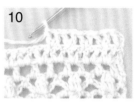

10 重複步驟6～9。

11 第2段鉤織完成時的狀態。

12 第3段也以相同方式鉤織。鉤織3段後，保留毛線15cm，剪斷，將剩下的毛線穿過最後的線圈中，拉緊線圈。

袖籠

1 跳過最前面的15個針目，將鉤針穿過第16個針目。

2 掛線，將毛線挑出。

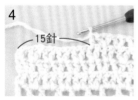

3 鉤織織片C。

4 鉤織至最後的15針目之前。

5 將織片翻至背面，鉤織下一段。

6 鉤織至第7段為止（後衣身鉤織至16段）。

前領圍

1 只鉤最前面的15個針目。

2 將織片翻至背面，鉤織下一段。

3 只在這15針目中鉤14段。將收針處的毛線保留15cm，剪斷，將毛線穿過最後的線圈中，拉緊。

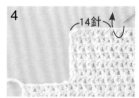

4 另一邊也以相同方式鉤織。將鉤針穿入從邊緣算起的第15個針目。

5

掛線，將毛線挑出。

6

繼續鉤織織片C。

7

前衣身・前肩襠鉤織完成的狀態。

8

後衣身・後肩襠也以相同的方式鉤織。

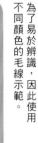

以捲針縫接合肩膀

為了易於辨識，因此使用不同顏色的毛線示範。

1

將線穿過縫針。若收針處的剩餘線端較長，也可直接拿來使用。

2

將前衣身和後衣身的織片正面相對重疊，如照片將縫針穿入最旁邊的針目中。

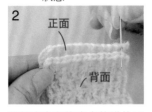

3

依箭頭方向，挑最終段前面針目的鎖針的2條線。

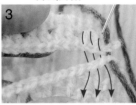

4

縫合至另一端。另一邊的肩膀也以相同方式接合。

1

將前衣身和後衣身的織片正面相對重疊。

背面

正面

脇邊做「鎖針3針和引拔縫合」

為了易於辨識，因此使用不同顏色的毛線示範。

2

依箭頭方向，將鉤針一次穿入2片衣片的下襬。

3

掛線，將毛線挑出。

4

鉤鎖針3針，將鉤針穿入衣身第2段最旁邊的針目。

鎖3針

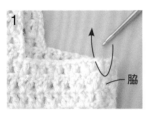

5

掛線，將毛線引拔鉤出。

6

毛線引拔鉤出後的狀態。

7

重複步驟4～5。引拔針是將鉤針穿入偶數段最旁邊的針目處鉤織。

8

脇邊縫合完成後的狀態。另一邊也以相同方式接合。

袖襱・領圍的緣編A

1

依箭頭方向，將鉤針穿入脇邊的針目，將毛線挑出。

脇

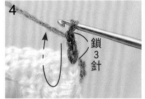

2

鉤鎖針2針，將鉤針依箭頭方向穿入。

鎖2針

3

掛線，將毛線引拔鉤出。

4

毛線引拔鉤出後的狀態。

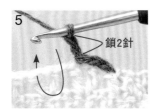

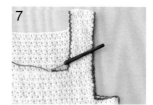

鉤鎖針2針，將鉤針依箭頭方向穿入，鉤引拔針。

重複鎖針2針和引拔針，鉤袖襱1圈。另一邊的袖襱也以相同方式鉤織。

領圍也以相同方式鉤織。

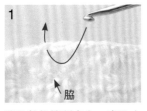

下襬的緣編B

將鉤針依箭頭方向，穿入衣身起針鎖針的針目中，將毛線挑出。

鉤立起針的鎖針1針，將鉤針穿入與步驟1相同的針目中，鉤短針。

鉤鎖針1針，跳過起針的鎖針1針，穿入鉤針，鉤短針。

重複鉤鎖針1針、短針1針。

鉤完下襬1圈後，將鉤針穿入段的第一個針目中，鉤引拔針。

一面參照編織記號圖，鉤織2～4段。

※因為是環編，所以每段都是一面看著織片的正面，往同一方向鉤織。

鉤織抽繩（繩索鉤法）

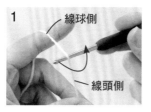
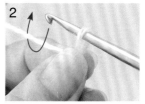

將鉤針抵住毛線後方，依箭頭方向轉動。（線頭保留抽繩長度的3.5～4倍長）。

以左手壓住線圈的底部，依箭頭方向掛線。

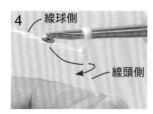

依箭頭方向，將毛線鉤出，拉緊毛線。

將線頭側的毛線掛在鉤針上。

將線球側的毛線掛在鉤針上。

依箭頭方向，將毛線鉤出。

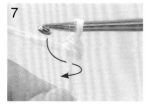

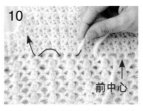

完成

將線頭側的毛線掛在鉤針上。

將線球側的毛線掛在鉤針上，依箭頭方向將毛線鉤出。

重複步驟7～8，直到長度為165cm長為止。

將鉤好的抽繩穿入衣身上的穿繩孔位置。

11

2
背心

蝴蝶結綁帶背心

深V領圍與前開式的綁帶設計，成為
一款適合多層次穿搭的背心。雅致
的紫色毛線為原本時尚的穿衣風格
更添一份華麗感。

編織方法⋯P.14

毛線⋯Wister Grace Merino
設計⋯白石真弓
製作⋯佐佐木悅子

波西米亞風背心

織片花紋帶有波西米亞風的背心，
其下襬的鋸齒狀線條是設計重點。
扣上釦子或像照片中直接當成外搭
背心的穿法都相當推薦。

3
背心

編織方法…P.17

毛線…Wister Grace Merino
設計…河合真弓
製作…沖田喜美子

使用毛線
Wister Grace Merino
紫色（9）160g

工具
ETIMO有柄鉤針　5/0號

密度（10cm四方形）
花樣織片　24針8段

成品尺寸
胸圍97cm　肩寬37cm　衣長46.5cm

編織方法
1.鎖針起針，以花樣織片鉤織前、後衣身。
2.從起針針目挑針，在下襬鉤織緣編A。
3.以捲針縫接合肩膀部分。
4.在前襟、領圍、袖襱鉤織緣編B。在領圍
　部分繼續鉤織綁繩。

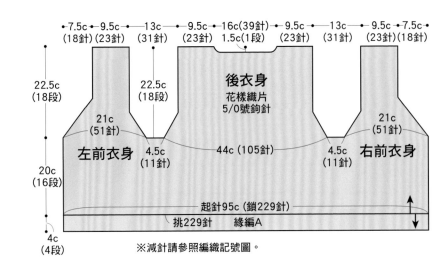

前、後衣身的編織記號圖　▶=剪線　▷=接線

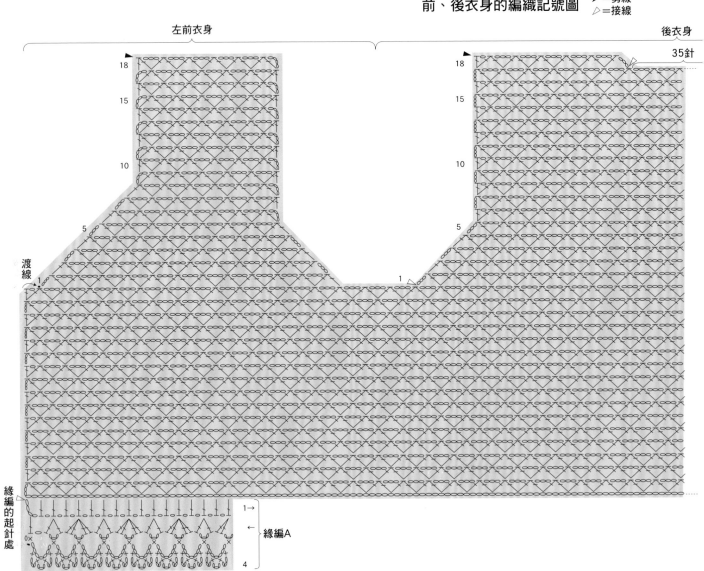

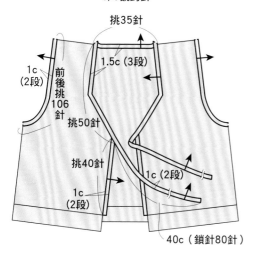

袖襱・前立・綁繩・領圍
緣編B
5/0號鉤針

挑35針

1.5c（3段）

1c
（2段）

前後挑
106
針

挑50針

挑40針

1c（2段）

1c
（2段）

40c（鎖針80針）

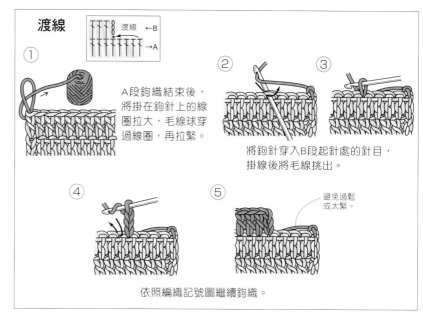

渡線

渡線 ←B
←
→A

① A段鉤織結束後，將掛在鉤針上的線圈拉大，毛線球穿過線圈，再拉緊。

② ③ 將鉤針穿入B段起針處的針目，掛線後將毛線挑出。

④ ⑤ 避免過鬆或太緊。

依照編織記號圖繼續鉤織。

袖襱的編織記號圖

2←
1←

右前衣身

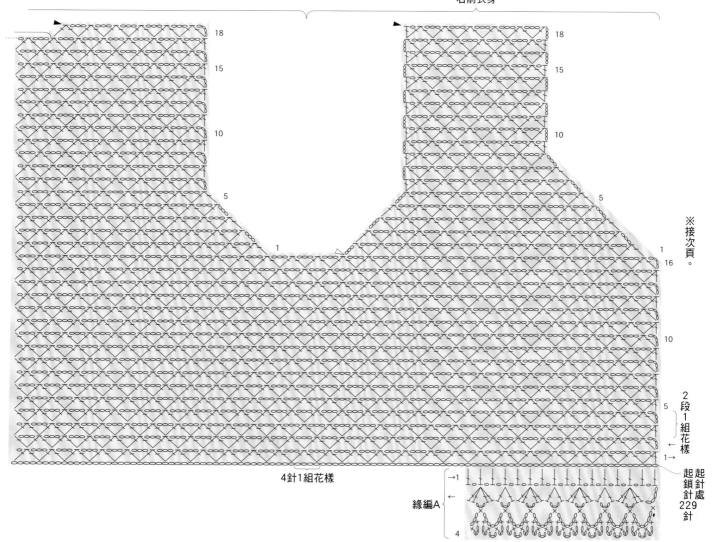

※接次頁。

2段1組花樣

4針1組花樣

緣編A

起針處
起鎖針
229針

15

前立・綁繩・領圍的編織記號圖

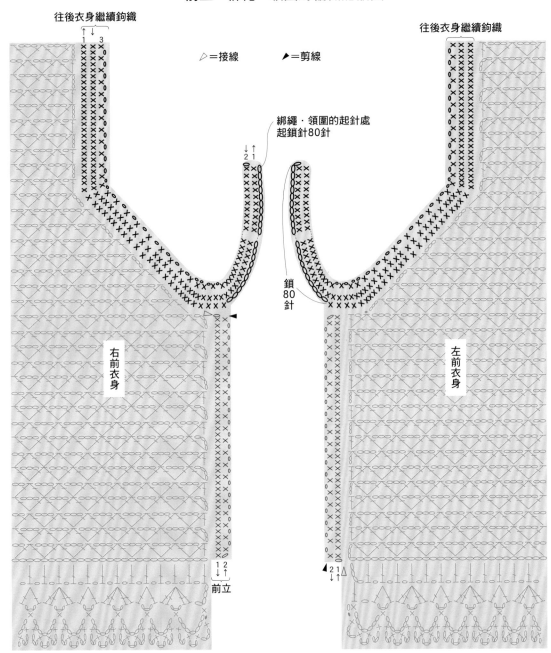

往後衣身繼續鉤織

▷＝接線　▶＝剪線

綁繩・領圍的起針處
起鎖針80針

鎖
80
針

往後衣身繼續鉤織

右前衣身

左前衣身

前立

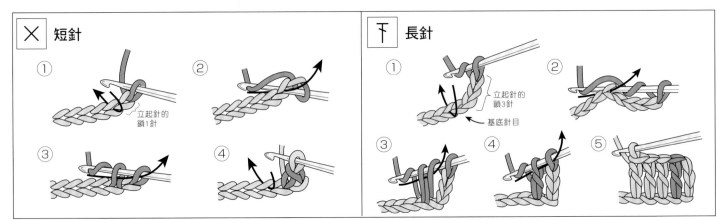

✕ 短針

① 立起針的鎖1針
②
③
④

下 長針

① 立起針的鎖3針　基底針目
②
③
④
⑤

使用毛線
Wister Grace Merino

棕色（8）200g

其他材料
鈕釦（直徑15mm）7個

工具
ETIMO有柄鉤針　5/0號

密度（10cm四方形）
花樣織片　27.5針 9段

成品尺寸
胸圍90.5cm　肩寬34cm　衣長50.5cm

編織方法
1. 鎖針起針，以花樣織片鉤織後衣身、左右前衣身。
2. 以捲針縫接合肩膀部分，脇邊進行「鎖針3針和引拔縫合」。
3. 鎖針作輪狀起針，將織片A～C如圖示般接合、鉤織。
4. 以捲針縫接合織片和衣身的下襬。
5. 在前立‧領圍和袖襱鉤織緣編A。
6. 在下襬鉤織緣編B。
7. 鬆開毛線，抽出其中一股，在釦眼的位置上進行釦眼繡。
8. 縫上鈕釦。

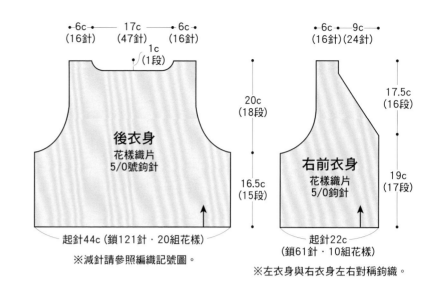

後衣身
花樣織片
5/0號鉤針

‧6c‧（16針）　17c（47針）　‧6c‧（16針）

1c（1段）

20c（18段）　16.5c（15段）

起針44c（鎖121針‧20組花樣）

※減針請參照編織記號圖。

右前衣身
花樣織片
5/0號鉤針

‧6c‧（16針）　9c（24針）

17.5c（16段）　19c（17段）

起針22c（鎖61針‧10組花樣）

※左衣身與右衣身左右對稱鉤織。

織片的排列方法
※依1至32的順序鉤織接合。

織片C　織片B　織片A　31

2	4	7	10	13	16	19	22	25	28	
1	6	9	12	15	18	21	24	27	30	
3	5	8	11	14	17	20	23	26	29	32

織片B

約13c（織片1.5片）

88c（織片A10片）

約6cm

前立‧領圍‧袖襱‧下襬

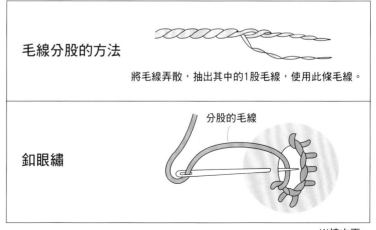

2.5c（2段）

從後面挑27針

緣編A　5/0號鉤針

挑32針　挑從88前針後

挑37針

釦眼是使用織片花紋的鏤空。參照編織記號圖

以捲針縫接合織片和衣身的下襬

	25	28	挑24針	2	4	7	織片
24	27			1	6	9	
	26	29		3	5	8	

1c（1段）

緣編B　5/0號鉤針

挑針針目請參照編織記號圖

袖襱的編織記號圖

2←　1→

4針1組花樣

毛線分股的方法

將毛線弄散，抽出其中的1股毛線，使用此條毛線。

釦眼繡

分股的毛線

※接次頁。

後領圍的編織記號圖

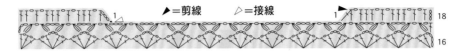

▲=剪線　▷=接線

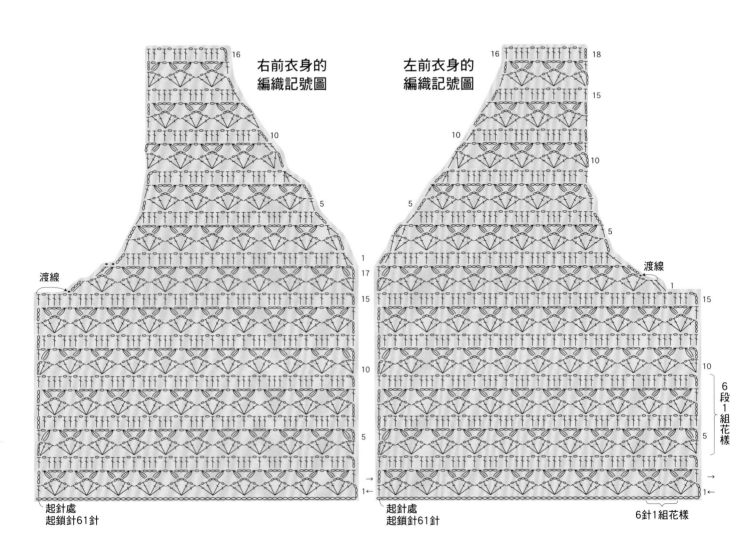

右前衣身的
編織記號圖

左前衣身的
編織記號圖

渡線

渡線

6段1組花樣

起針處
起鎖針61針

起針處
起鎖針61針

6針1組花樣

鎖針起針

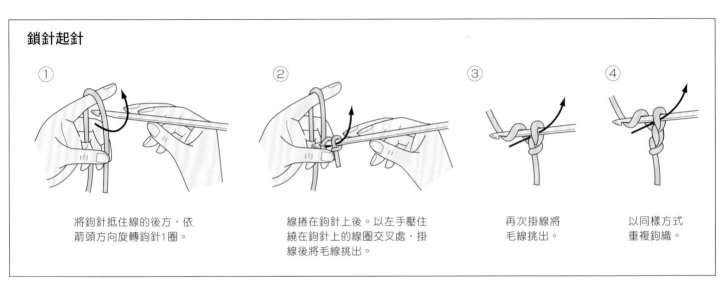

① 將鉤針抵住線的後方，依
箭頭方向旋轉鉤針1圈。

② 線捲在鉤針上後。以左手壓住
繞在鉤針上的線圈交叉處，掛
線後將毛線挑出。

③ 再次掛線將
毛線挑出。

④ 以同樣方式
重複鉤織。

織片A至C・緣編B的編織記號圖和織片的接合方法

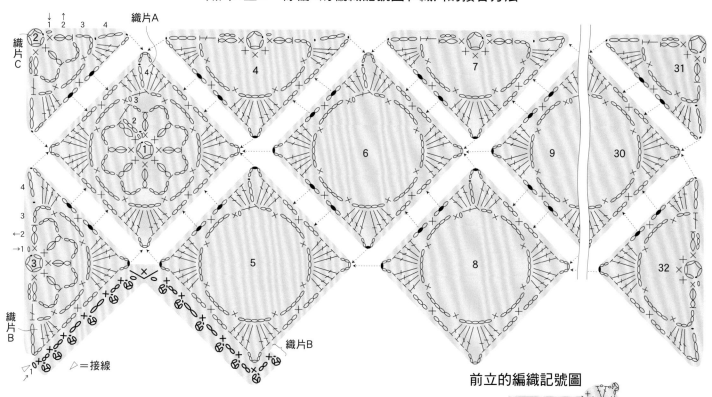

織片A

織片C

織片B

▷＝接線

前立的編織記號圖

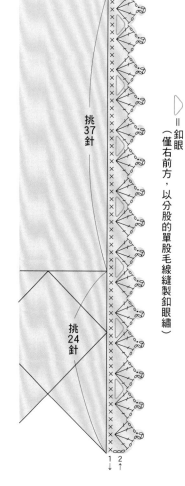

挑37針

挑24針

▷＝釦眼
（僅右前方，以分股的單股毛線縫製釦眼繡）

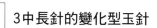

3中長針的變化型玉針

※ ⚬ 同樣是鉤織未完成的中長針，鉤2針後引拔。

① 第1針 第2針 第3針

②

③

在前段的同一個針目鉤織未完成的中長針3針，掛線後依箭頭方向只引拔一次，將毛線從中長針鉤出。

掛線，依箭頭方向將毛線從2個線圈鉤出。

完成3中長針的變化型玉針。

※「未完成」是指織目（短針或中長針、長針等）再經過1次引拔，即可完成的狀態。

2短針併針

①

②

③

鉤織未完成的短針2針。

一次引拔鉤出。

2針減為1針。

長版麻花背心

在前衣身的中央和領圍上編織麻花圖樣的一款長版背心。法國袖風格的包肩袖和寬大下襬的樣式，營造出自然不做作的少女氣息。

4
背心

編織方法⋯P.22

毛線⋯Wister Alpaca Merino
設計⋯鎌田惠美子
製作⋯有我貞子

學院風
雙排釦背心

以極粗的毛線編織而成，有著厚實感的背心。利用二片部分重疊的前衣身，以及兩側的麻花紋路，為整體增添一份古典氣息。

5
背心

編織方法…P.24

毛線…Wister Nature極太
設計…橫山純子
製作…石田敏子

使用毛線
Wister Alpaca Merino
杏色（22）350g

工具
「マミーの四季」硬質單頭棒針2本針　7號、6號
「マミーの四季」硬質特長棒針4本針　6號
麻花針

密度
平針編織　19.5針＝10cm　26段＝10cm
花樣織片　1組花樣（18針）＝6.5cm　26段＝10cm

成品尺寸
胸圍91cm　肩寬43cm　衣長68cm

編織方法
1.一般起針法起針，以單鬆緊針和平針編織後衣身。
2.一般起針法起針，依序以單鬆緊針、平針、花樣編織前衣身。
3.從後衣身挑針，以單鬆緊針編織後領圍，織1針鬆緊針收針。
4.肩膀處挑針接合，以「針與段的併縫」的方式對接。
5.脇邊進行段與段的綴縫。
6.在袖襱部分以單鬆緊針編織，最後織1針單鬆緊針收針。

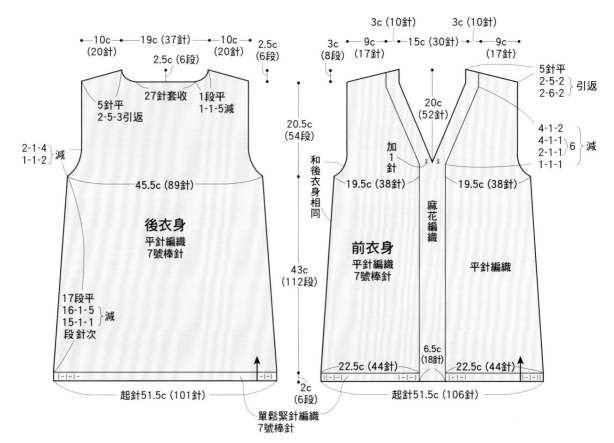

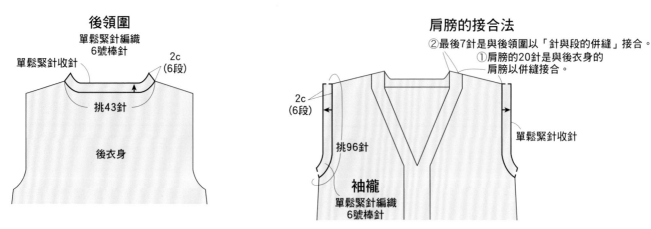

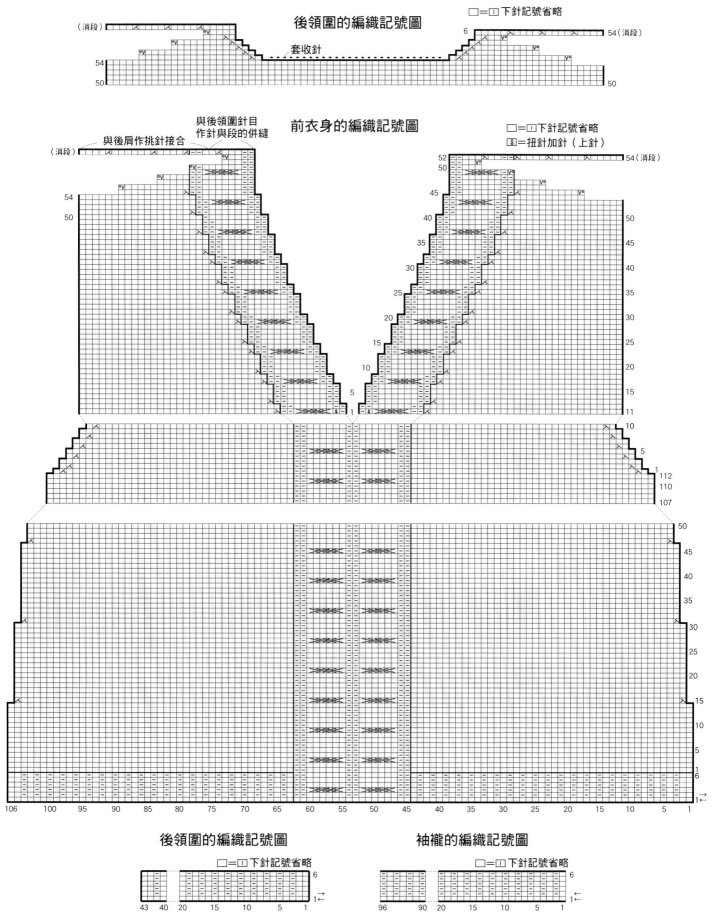

後領圍的編織記號圖

□=①下針記號省略

套收針

前衣身的編織記號圖

□=①下針記號省略
⊠=扭針加針（上針）

與後肩作挑針接合

與後領圍針目
作針與段的併縫

後領圍的編織記號圖

□=①下針記號省略

袖襱的編織記號圖

□=①下針記號省略

23

使用毛線
Wister Nature極太
杏色（12）370g

其他材料
鈕釦（直徑18mm）10個

工具
「マミーの四季」硬質單頭棒針2本針　12號、10號
「マミーの四季」硬質特長棒針4本針　10號
麻花針

密度
織片A　15針＝10cm　22段＝10cm
織片B　1組花樣（24針）＝13cm　22段＝10cm

成品尺寸
胸圍96cm　肩寬約38cm　衣長54cm

編織方法
1.別線鎖針方式起針，以織片A・B編織前、後衣身。
2.從前衣身挑針，以雙鬆緊針、平針編織前衣身，最後以伏針固定收針。
3.拆開起針針目，在下襬編織平針，最後以伏針固定收針。
4.肩膀部分引拔接合，脇邊進行段對段的綴縫。
5.以平針編織領圍、袖襱，最後以伏針固定收針。

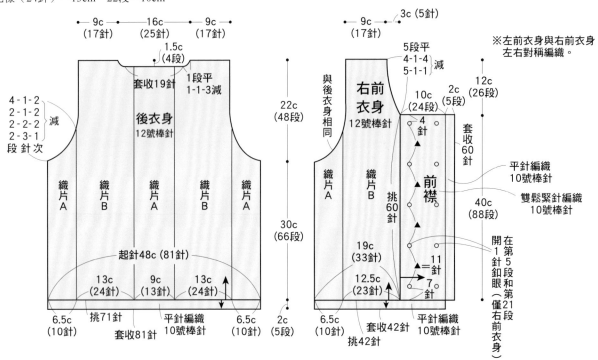

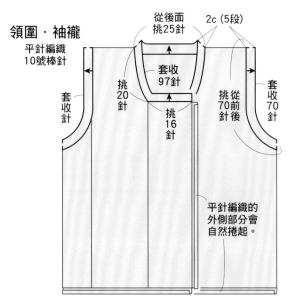

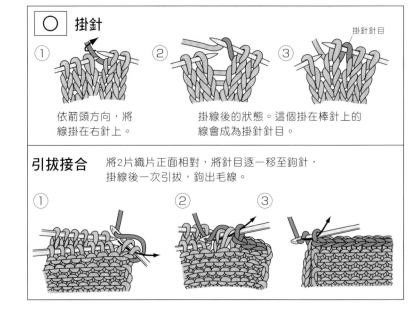

織片A‧B的編織記號圖

□=口 下針記號省略

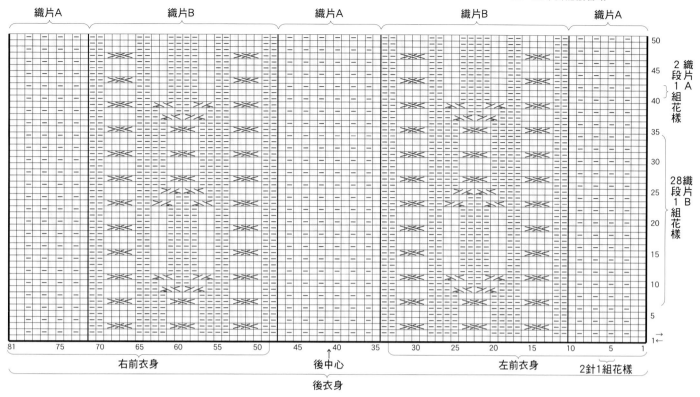

織片A　織片B　織片A　織片B　織片A

右前衣身　　　後中心　　　左前衣身　　2針1組花樣

後衣身

織片A 2段1組花樣

織片B 28段1組花樣

前襟的編織記號圖

伏針固定　　　釦眼（僅在右前衣身）　　□=口 下針記號省略

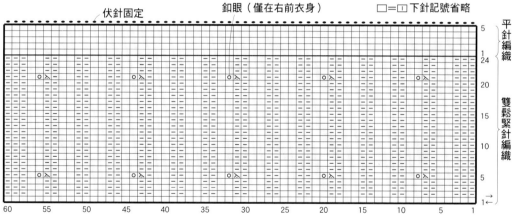

平針編織

雙鬆緊針編織

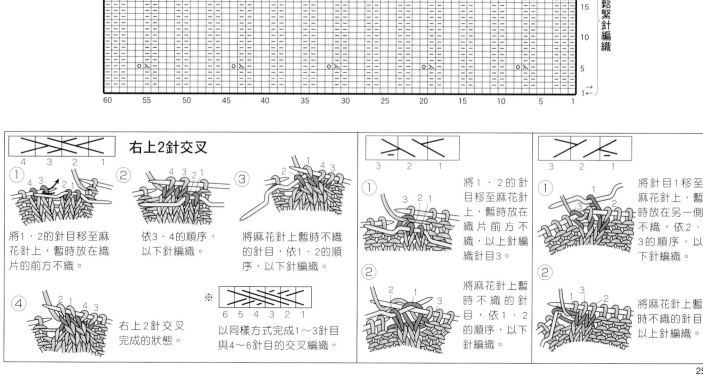

右上2針交叉

① 將1‧2的針目移至麻花針上，暫時放在織片的前方不織。

② 依3‧4的順序，以下針編織。

③ 將麻花針上暫時不織的針目，依1‧2的順序，以下針編織。

④ 右上2針交叉完成的狀態。

※ 以同樣方式完成1～3針目與4～6針目的交叉編織。

① 將1‧2的針目移至麻花針上，暫時放在織片前方不織，以上針編織針目3。

② 將麻花針上暫時不織的針目，依1‧2的順序，以下針編織。

① 將針目1移至麻花針上，暫時放在另一側不織，依2‧3的順序，以下針編織。

② 將麻花針上暫時不織的針目以上針編織。

25

6
細肩帶背心

以織片為重點裝飾的
細肩帶背心＆長版罩衫

在前衣身上利用較大的織片接合而成的
細肩帶針織背心，以及作成長版的細肩
帶罩衫。採用方便穿搭的前開鈕設計。

編織方法…P.28

毛線…Wister La Terre
設計…鎌田惠美子
製作…飯塚靜代

7
長版罩衫

編織方法…P.28

毛線…Wister La Terre
設計…鎌田惠美子
製作…飯塚靜代

使用毛線
Wister La Terre
6 粉紅色（4）200g
7 棕色（3）320g

其他材料
鈕釦（直徑15mm）各4個

工具
ETIMO有柄鉤針　5/0號

密度（10cm四方形）
織片　23針（4.5組花樣）9段

成品尺寸
6 胸圍86cm　衣長51.5cm
7 胸圍86cm　衣長71.5cm

編織方法
1.鎖針起針，鉤織後衣身、左右前衣身的織片。
2.輪狀起針，鉤織1片織片。第2片開始，在鉤織最終段的同時，一邊以引拔針接合旁邊的織片，作品 6 接合4片、作品 7 接合6片。同樣的串接織片需鉤織2組。
3.從前衣身挑針，鉤織緣編。一邊鉤織緣編，一邊以引拔針接合前衣身與織片。
4.在脇邊進行「鎖針3針和引拔縫合」。
5.在衣身的上側、下襬鉤織短針。
6.從前衣身挑針，以短針鉤織肩帶，收針處以捲針縫接合在後衣身上。
7.縫上鈕釦。

6

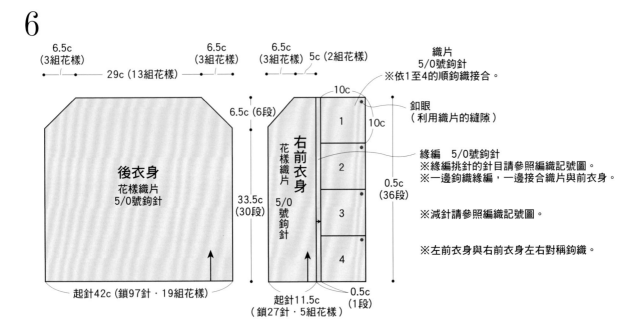

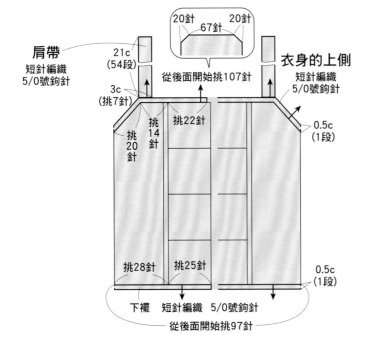

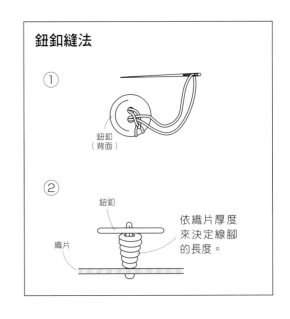

7

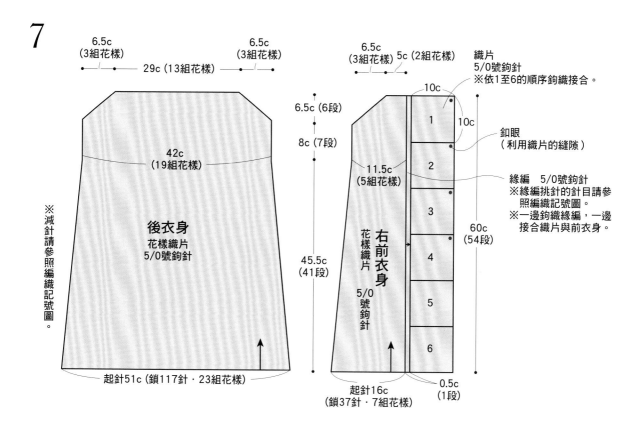

6.5c
(3組花樣)

6.5c
(3組花樣)

29c (13組花樣)

42c
(19組花樣)

後衣身
花樣織片
5/0號鉤針

※減針請參照編織記號圖。

起針51c (鎖117針·23組花樣)

6.5c
(3組花樣)

5c (2組花樣)

6.5c (6段)

8c (7段)

11.5c
(5組花樣)

45.5c
(41段)

右前衣身
花樣織片
5/0號鉤針

起針16c
(鎖37針·7組花樣)

織片
5/0號鉤針
※依1至6的順序鉤織接合。

10c

1

10c

2

3

4

5

6

0.5c
(1段)

釦眼
(利用織片的縫隙)

緣編 5/0號鉤針
※緣編挑針的針目請參照編織記號圖。
※一邊鉤織緣編,一邊接合織片與前衣身。

60c
(54段)

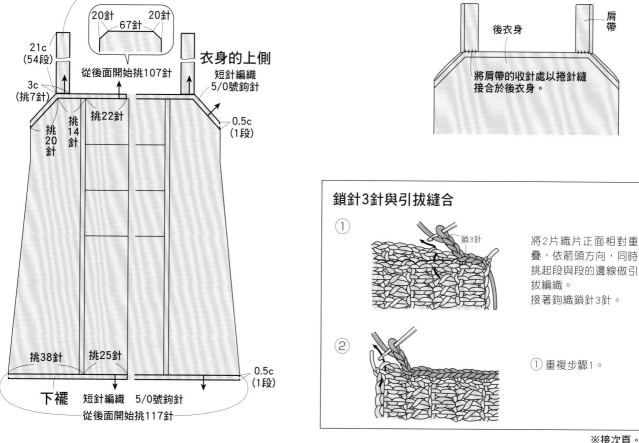

肩帶 短針編織 5/0號鉤針

20針 67針 20針

21c
(54段)

3c
(挑7針)

衣身的上側
短針編織
5/0號鉤針

從後面開始挑107針

挑20針

挑14針

挑22針

0.5c
(1段)

挑38針

挑25針

下襬 短針編織 5/0號鉤針
從後面開始挑117針

0.5c
(1段)

6·7 共通

後衣身

肩帶

將肩帶的收針處以捲針縫接合於後衣身。

鎖針3針與引拔縫合

① 鎖3針

將2片織片正面相對重疊,依箭頭方向,同時挑起段與段的邊線做引拔編織。
接著鉤織鎖針3針。

②

① 重複步驟1。

※接次頁。

29

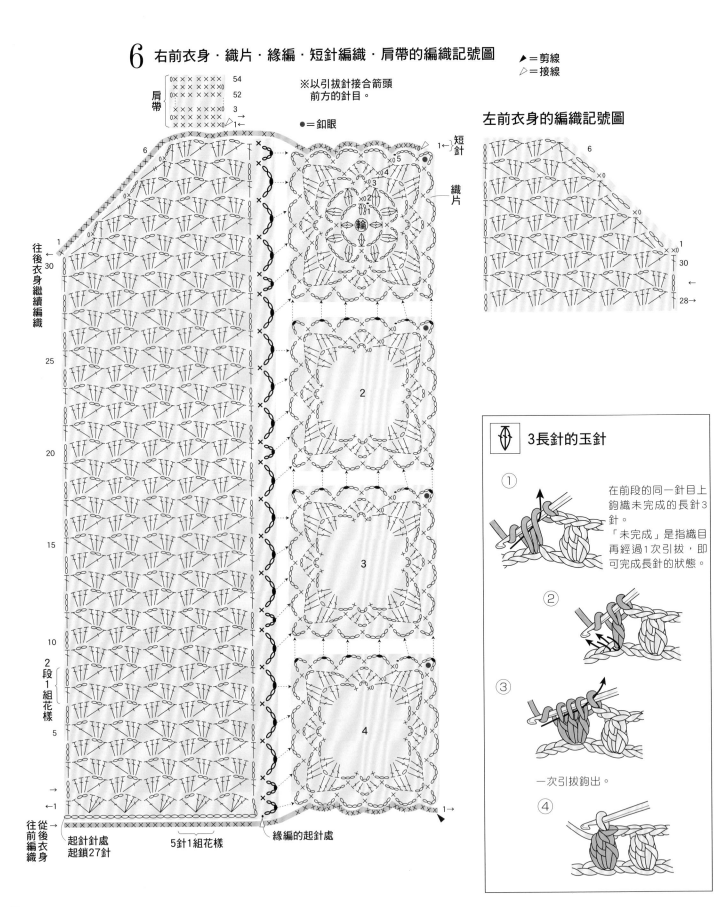

6 右前衣身・織片・緣編・短針編織・肩帶的編織記號圖

▲ =剪線
▷ =接線

※以引拔針接合箭頭前方的針目。

● =釦眼

肩帶

短針

織片

左前衣身的編織記號圖

往後衣身繼續編織

往後衣身織 往前編織

起針針處 起鎖27針

5針1組花樣

緣編的起針處

2段1組花樣

3長針的玉針

在前段的同一針目上鉤織未完成的長針3針。
「未完成」是指織目再經過1次引拔，即可完成長針的狀態。

一次引拔鉤出。

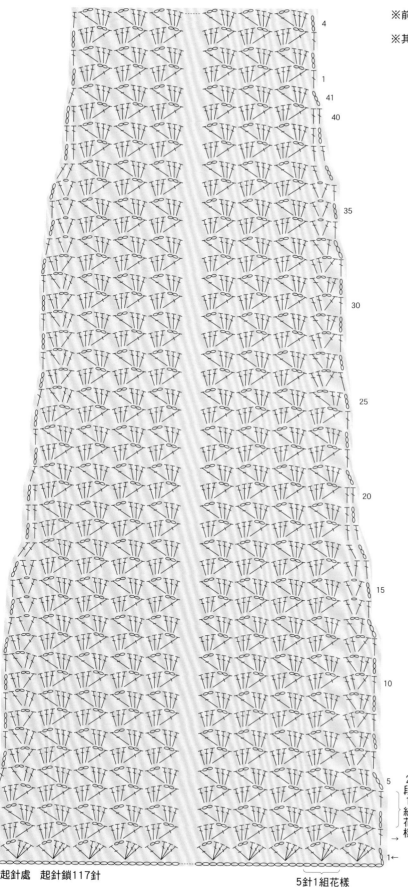

※前衣身的脇邊也和後衣身同樣減針。

※其他部分的鉤織與上一頁的6相同。

起針處　起針鎖117針

5針1組花樣

2段1組花樣

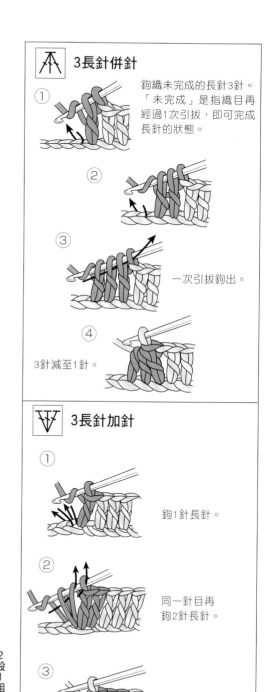

3長針併針

鉤織未完成的長針3針。「未完成」是指織目再經過1次引拔，即可完成長針的狀態。

① ② ③ 一次引拔鉤出。

④ 3針減至1針。

3長針加針

① 鉤1針長針。

② 同一針目再鉤2針長針。

③ 1針增至3針。

法國袖毛線上衣

由於使用法國袖的設計,所以編織時
可省去接合袖子的步驟,製作起來輕
鬆不少。恰到好處的寬鬆感,是一款
適合與襯衫重疊穿搭的背心。

8
毛線上衣

編織方法…P.34

毛線…Wister 純毛中細
設計…川路ゆみこ
製作…桂木里美

圓弧肩襠的波蕾若

使用羊駝及Merino（美麗諾）羊毛混紡
而成的毛線鉤織，這款觸感細柔又溫暖
的波蕾若，以鏤空的長針編織出版型優
美的圓弧肩襠及波浪滾邊。

9
波蕾若

編織方法…P.36

毛線…Wister Alpaca Merino
設計…橫山純子

使用毛線
Wister 純毛中細
深綠色（63）270g
工具
ETIMO有柄鉤針　3/0號
密度（10cm四方形）
花樣織片　28針（2.8組花樣）10段

成品尺寸
胸圍94cm　後領口中心至袖口28cm　衣長53cm
編織方法
1.鎖針起針，以織片鉤織前、後衣身。
2.以捲針縫接合肩膀部分，脇邊作「鎖針3針和引拔縫合」。
3.在領圍、袖口、下襬鉤織緣編。

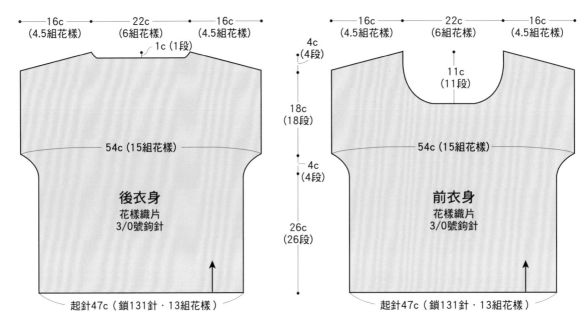

後衣身
花樣織片
3/0號鉤針

前衣身
花樣織片
3/0號鉤針

16c
（4.5組花樣）
22c
（6組花樣）
16c
（4.5組花樣）
1c（1段）
54c（15組花樣）
起針47c（鎖131針・13組花樣）

4c
（4段）
11c
（11段）
18c
（18段）
4c
（4段）
26c
（26段）

※加減針請參照編織記號圖。

領圍・袖口・下襬
緣編
3/0號鉤針

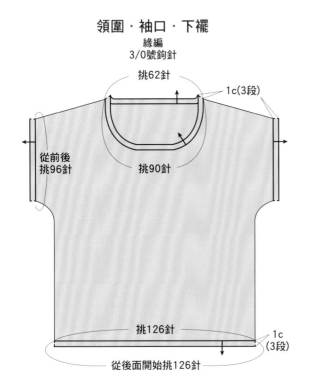

挑62針
1c(3段)
從前後
挑96針
挑90針
挑126針
1c
（3段）
從後面開始挑126針

緣編的編織記號圖

4針1組花樣

前領圍的編織記號圖

▲=剪線　△=接線

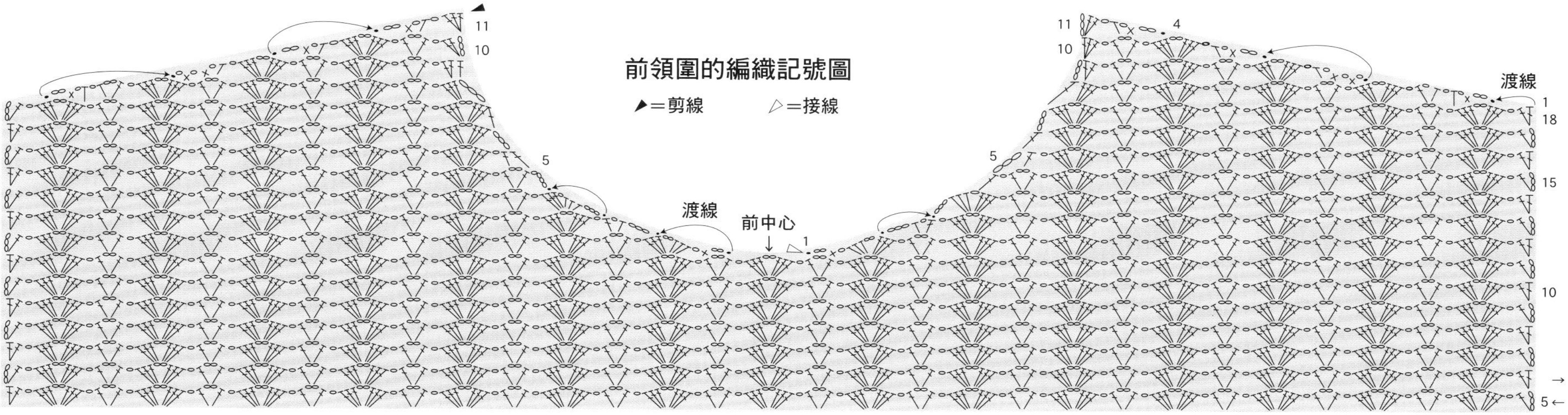

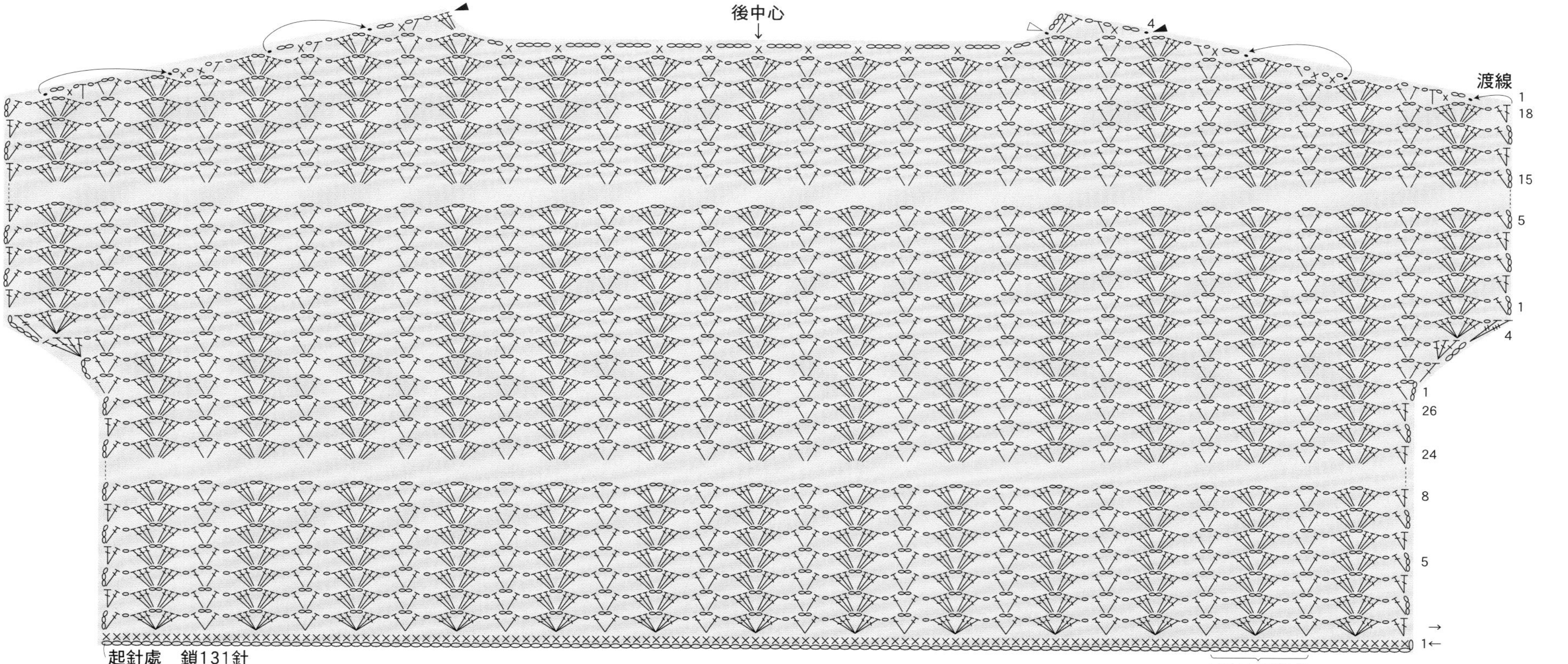

渡線

前中心

渡線

剪線

▲=剪線　△=接線

後衣身的編織記號圖

後中心

渡線

18　15　10　5

11　10　5

11　10　5

18　15　5　4

1　26　24　8　5　1

10針1組花樣

鎖131針

起針處

35

使用毛線
Wister Alpaca Merino
炭灰色（24）280g

其他材料
鈕釦（直徑20mm）1個

工具
ETIMO有柄鉤針 6/0號

密度（10cm四方形）
花樣織片 18針8.5段

成品尺寸
胸圍94cm 後領口中心至袖口約30cm 衣長46cm

編織方法
1.鎖針起針，以織片鉤織前、後衣身和肩襠。
2.在領圍・前立・下襬・袖口鉤織緣編。
3.縫上鈕釦。

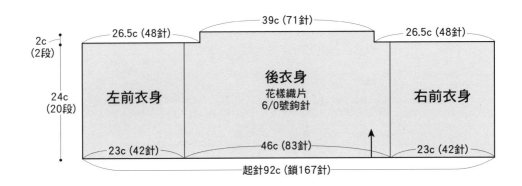

2c（2段）
24c（20段）

26.5c（48針）
39c（71針）
26.5c（48針）

左前衣身
後衣身
花樣織片
6/0號鉤針
右前衣身

23c（42針）
46c（83針）
23c（42針）
起針92c（鎖167針）

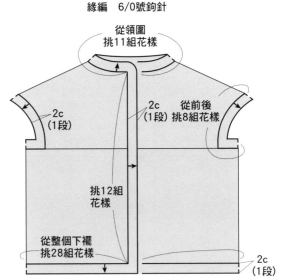

領圍・前立・下襬・袖口
緣編 6/0號鉤針

從後面挑71針
39c（71段）
18c（15段）

肩襠
花樣織片
6/0號鉤針

起針17c（鎖31針）

※減針請參照
編織記號圖。

挑20.5c（37針）
6c（11針）

從領圍
挑11組花樣

2c（1段）
2c（1段）
從前後
挑8組花樣

挑12組花樣

從整個下襬
挑28組花樣

2c（1段）

釦眼
※利用緣編的花樣。

右前肩襠
釦眼

緣編的編織記號圖

1←

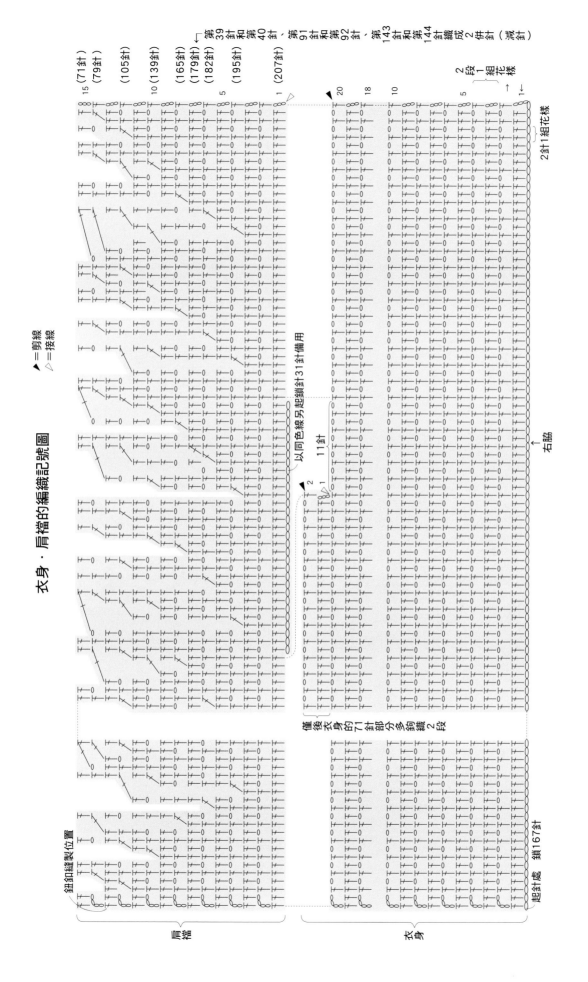

衣身‧肩檔的編織記號圖

▲＝剪線
△＝接線

15（71針）
（79針）
（105針）
10（139針）
（165針）
（179針）
（182針）
（195針）
5
1（207針）

← 第39針和第40針
第91針和第92針、
第143針和第144針織成2併針（減針）

2針1組花樣

2段1組花樣
↑
1←

以同色線另起鎖針31針備用

11針

右脇

2
1

僅後衣身的71針部分多鉤織2段

鈕針縫製位置

肩檔

衣身

起針處　鎖167針

37

編織方法…P.40

毛線…Wister Grace Merino
設計…川路ゆみこ
製作…西村久實

花漾波蕾若

這件法國包肩袖的波蕾若短外套，在下襬串接
了美麗的花樣織片，勾勒出柔美的輪廓線。本
書鉤織了多色實品，請從中挑選喜歡的顏色，
享受層次穿搭的樂趣。

10
波蕾若

其他顏色的作品10波蕾若

11
波蕾若

12
波蕾若

13
波蕾若

14
波蕾若

15
波蕾若

使用毛線
Wister Grace Merino
10 原色（2）210g
11 藍色（11）210g
12 淺褐（3）210g
13 粉紅（5）210g
14 棕色（8）210g
15 灰色（12）210g

工具
ETIMO有柄鉤針　5/0號

密度（10cm四方形）
花樣織片　23.5針10段

成品尺寸
胸圍87.5cm　肩寬45.5cm　衣長49cm

編織方法
1. 鎖針起針，以織片鉤織後衣身、左右前衣身。
2. 從起針針目挑針，在下襬鉤織短針。
3. 以捲針縫接合肩膀部分，脇邊作「鎖針3針和引拔縫合」。
4. 在袖口、領圍、前立鉤織緣編。
5. 輪狀起針，以引拔針接合織片，同時繼續鉤織，共需8個織片。
6. 鎖針起針，以短針鉤織2條綁帶。
7. 將織片與綁帶縫在衣身上。

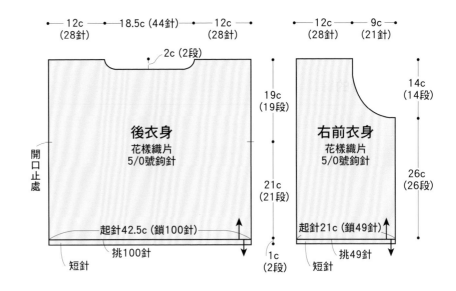

後衣身
花樣織片
5/0號鉤針

右前衣身
花樣織片
5/0號鉤針

織片的排列方法
※依1至8的順序鉤織接合。

11c

88c（織片8片）

袖口 · 領圍 · 前立
緣編
5/0號鉤針

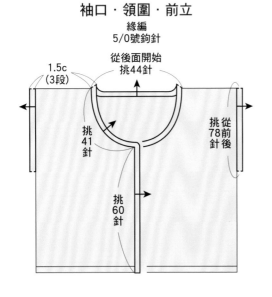

完成作法

將織片疊合於衣身上方，以藏針縫縫合。

後領圍的編織記號圖

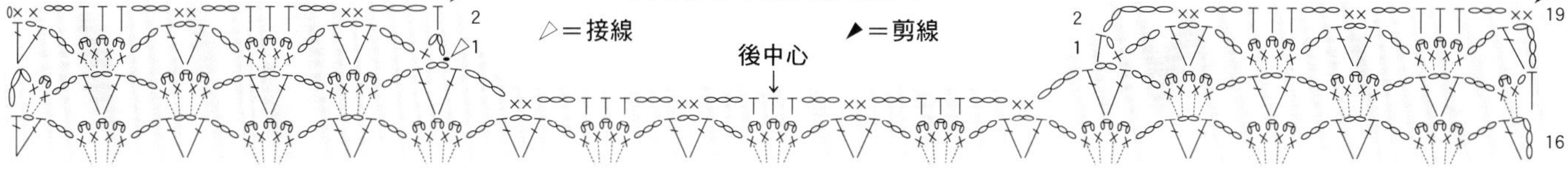

▷=接線　　　▶=剪線

後中心

右前衣身的編織記號圖

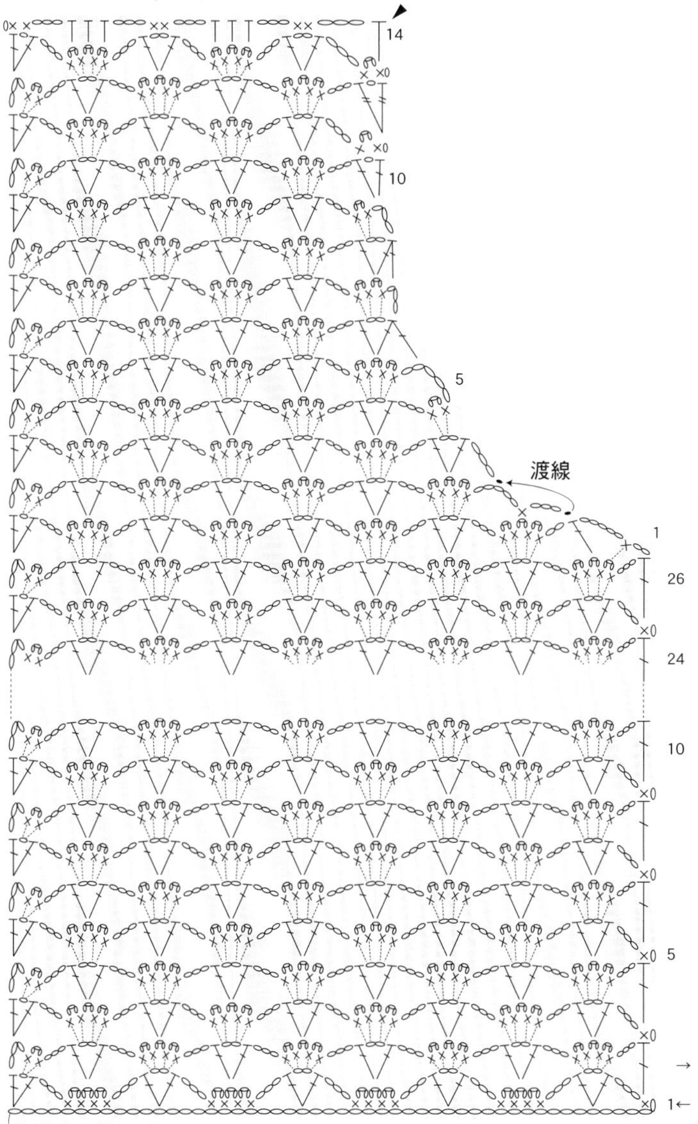

左前衣身的編織記號圖

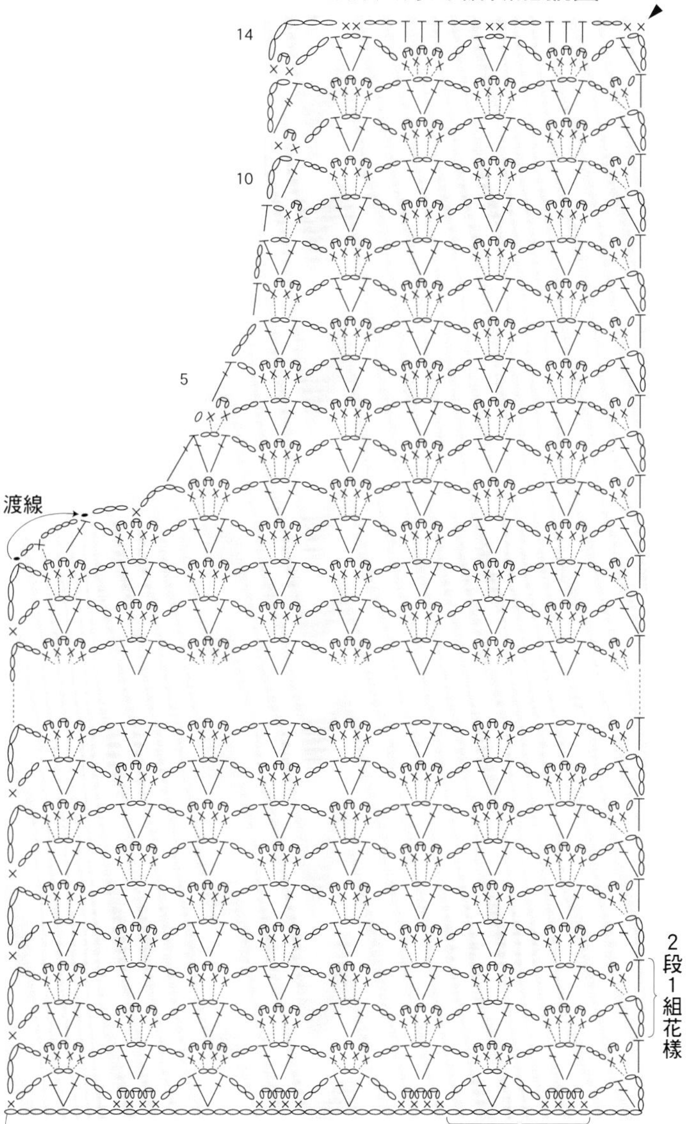

渡線

渡線

起針處　鎖49針

起針處　鎖49針

11針1組花樣

2段1組花樣

※接次頁。

T　中長針

①　立起針的鎖針2針

基底針目

②

③

④

41

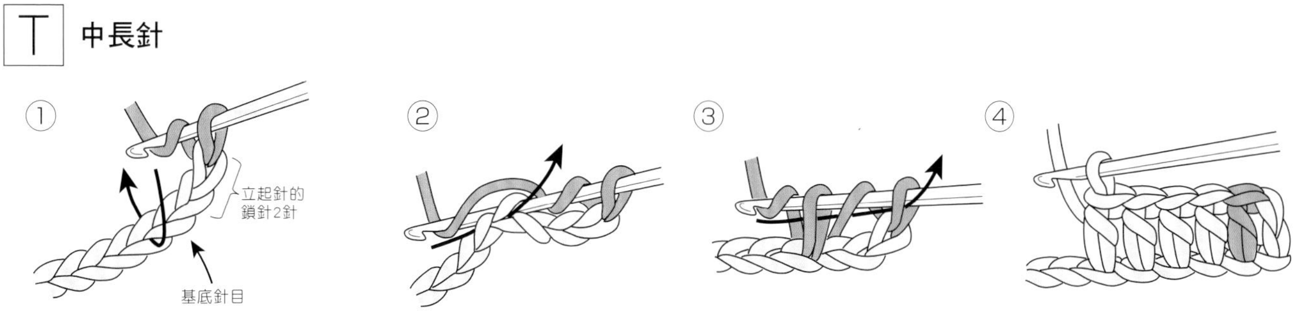

織片的編織記號圖（8片）
5/0號鉤針

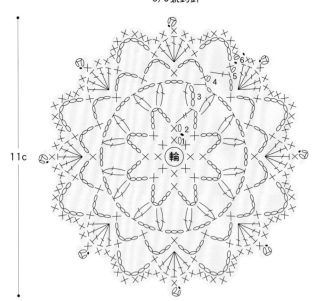

11c

前立・領圍的編織記號圖

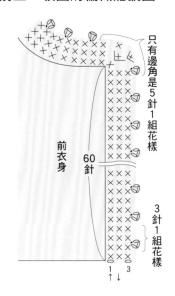

只有邊角是5針1組花樣

前衣身

60針

3針1組花樣

綁帶（2條）
短針編織
5/0號鉤針

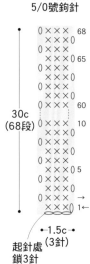

30c（68段）

起針處
鎖3針

1.5c（3針）

袖襱的編織記號圖

3針1組花樣

織片的接合方法
※以引拔針接合箭頭前的針目。

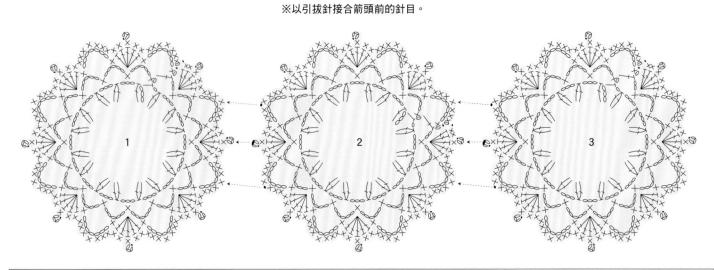

2長針的玉針

在前段的同一針目上鉤
織未完成的長針2針。
「未完成」是指織目再
經過1次引拔，即可完
成長針的狀態。

一次引拔鉤出。

使用毛線
Wister 可水洗Merino 100極太
軍綠色（3）300g

其他材料
鈕釦（直徑18mm）1個

工具
「マミーの四季」硬質單頭棒針2本針　10號
ETIMO有柄鉤針　8/0號
麻花針

密度（10cm四方形）
平針編織　16針21.5段
織片A　22針21.5段
織片B　16針24段

成品尺寸
長40cm

編織方法
1.一般起針法起針，織起伏針、平針，以織片A・B編織披肩。
2.收針處織套收針。
3.下襬以鉤針從織片的背面鉤引拔針接合。

※因為織片B是垂直縮起的織片，所以使鉤織的段數與平針編織、織片A相即同，但完成尺寸會變得比較短。

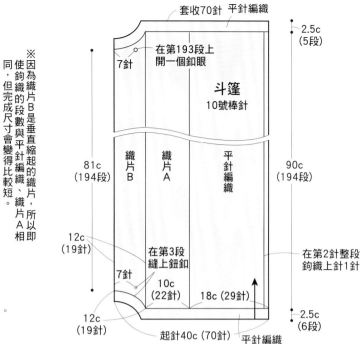

套收70針　平針編織

在第193段上開一個鈕眼

7針

斗篷
10號棒針

2.5c（5段）

81c（194段）

織片B　織片A　平針編織

90c（194段）

12c（19針）

7針

在第3段縫上鈕釦
10c（22針）　18c（29針）

在第2針整段鉤織上針1針

12c（19針）

起針40c（70針）　平針編織

2.5c（6段）

斗篷的編織記號圖

□=□下針記號省略
⊠=扭針

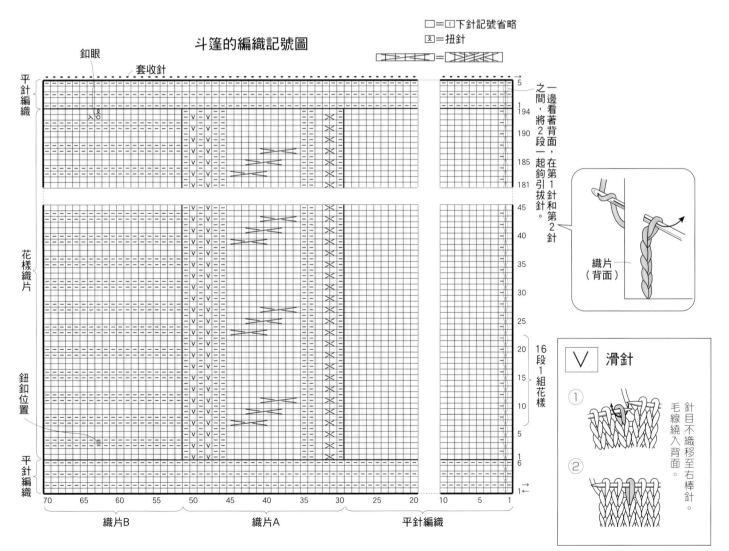

鈕眼　套收針

平針編織

花樣織片

鈕釦位置

平針編織

一邊看著背面，在第1針和第2針之間，將2段一起鉤引拔針。

織片（背面）

V 滑針

①針目不織移至右棒針。②毛線繞入背面。

16段1組花樣

織片B　織片A　平針編織

麻花紋小斗篷

輕柔包覆的稍長版小斗篷，讓背部暖和了起來，
不需加減針即可編織完成。富有立體感的大麻
花，成為最顯眼的裝飾。鬆緊有彈性的領圍，可
剛好貼合於肩膀上。

編織方法…P.43

毛線…Wister 可水洗Merino 100極太
設計…和田みゆき

16
斗篷

基本款瑪格莉特小外套

有著可愛名稱的瑪格莉特外套,是一種簡單又可輕鬆編織而成的服裝。因為衣長和袖長都很充足,所以可以開襟外套的感覺來穿搭。從P.46開始,將以步驟照片進行詳細的解說。

編織方法⋯P.46

毛線⋯Wister 可水洗Merino 100極太
設計⋯和田みゆき

17
瑪格莉特

使用毛線
Wister　可水洗Merino 100極太
胭脂紅（14）300g

成品尺寸
後領口中心至袖口67cm

工具
「マミーの四季」硬質單頭棒針2本針　8號
「マミーの四季」硬質特長棒針4本針　8號

密度
花樣織片　22針28段
平針編織　20針24段

瑪格莉特
8號棒針

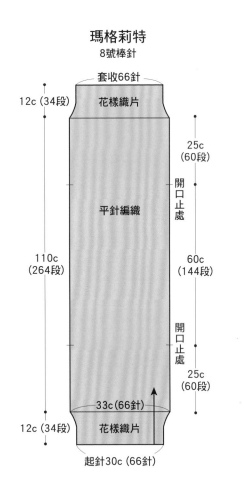

套收66針

花樣織片

12c（34段）

25c（60段）

開口止處

平針編織

110c（264段）

60c（144段）

開口止處

25c（60段）

33c（66針）

花樣織片

12c（34段）

起針30c（66針）

領子・下襬　花樣織片　8號棒針

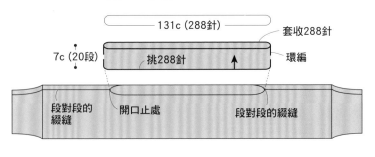

131c（288針）

套收288針

7c（20段）

挑288針

環編

段對段的綴縫　開口止處　段對段的綴縫

瑪格莉特外套的編織記號圖

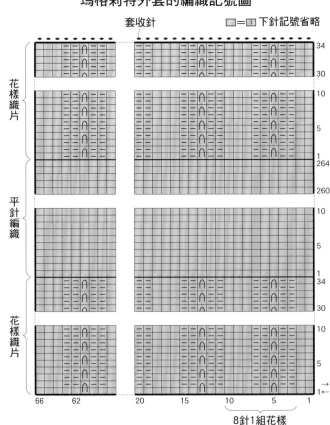

套收針　　□=①下針記號省略

花樣織片

平針編織

花樣織片

66　62　　20　15　10　5　1

8針1組花樣

34
30
10
5
1
264
260
10
5
1
34
30
10
5
1

領子・下襬的編織記號圖

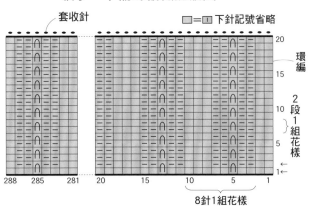

套收針　　□=①下針記號省略

環編

2段1組花樣

288　285　281　　20　15　10　5　1

8針1組花樣

花樣織片

4→
3←
2→　引上針
第1段（起針）

1

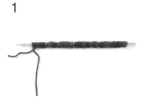

一般起針法起66針。以此作為第1段。

2

下針　上針

編織第2段。織上針3針、下針2針。

3

引上針之處，將棒針依箭頭方向穿入，針目不織移至右棒針。織線放在前方。

4

掛線

將線掛在右棒針上。

5

接下來，請參照編織記號圖繼續編織。

※因為第2段是看著織片背面來編織的段，所以採用與編織記號圖的記號相反的操作（如□下針即為□上針、□上針即為□下針般）編織。

6

第2段編織完成時的狀態。

7

編織第3段。引上針的地方，將棒針依箭頭方向穿入，在第2段中暫時不織，移至右棒針的針目和掛在棒針上的線。

8

織下針。

9

引上針完成。

10

請參照編織記號圖編織至最後。第3段編織完成時的狀態。

11

重複步驟2～10，編織至34段。

平針編織

1

第1段全部以下針編織。

引上針的地方，同樣將移至棒針不織的針目和掛線2條一次織下針。

2

第1段編織完成時的狀態。

3

第2段全部以上針編織。

4

第2段編織完成時的狀態。

5

重複步驟1～4，以奇數段為下針、偶數段為上針繼續編織。

6

正面看到的狀態。全部的針目皆為下針。此狀態稱為「平針編織」。

7

背面看到的狀態。全部的針目皆為上針。此狀態稱為「上針的平針編織」。

※接次頁。

8	9	10	11
	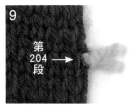		
在開口止處的第60段上，以別線作記號。	接著在第204段也同樣以別線作上記號。	平針編織至264段後，再次編織花樣織片。	花樣織片編織至34段。

※ 編織中，毛線不夠時…… 為了易於辨識，因此使用不同顏色的毛線示範。

1	2	3	4	5
	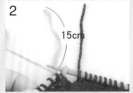			
編織至毛線餘下約15cm的長度。	新毛線球的線頭也保留15cm，開始編織。	預留的兩條線頭在背面輕輕打結。	編織完成後，將線頭穿過縫針，穿入織片的背面，以避免線頭露出表面。	將多餘的線頭剪除。另一邊也以相同方式處理。

● 套收針

1	2	3	4	5

首先織2針下針。	將左棒針穿入第1針目中，鉤起往回套住第2針目。	套住後的狀態。	重複「織1針，套住前面的針目」。	最後保留15cm長的線尾，穿入最後掛在棒針上的線圈中，拉緊。

段對段的綴縫

為了易於辨識，因此使用不同顏色的毛線示範。

1	
	剪一條比縫合寬度長1.5～2倍的毛線，穿過縫針。如果起針處或收針處的剩餘線尾較長時，也可以直接使用。

2	3	4	5

縫針依箭頭方向，穿過第1段邊緣第1和第2針目之間的毛線。	挑起相對的另一片邊緣第1和第2針目之間的毛線。	再回到原來的織片，挑起邊緣的第1和第2個針目之間的毛線。	以同樣方式輪流挑起毛線。

6

在照片中為了易於辨識，因此特地讓示範縫線鬆散些，實際縫合時需輕輕拉緊，使表面看不見縫線。

7

縫合至開口止處前。另一邊也以同樣方式縫合。

領子・下襬

為了易於辨識，因此使用不同顏色的毛線示範。

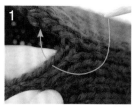

1

依箭頭方向，將棒針（4根棒針中的其中一根）穿入邊緣的第1針目內側。

2

掛線後將毛線挑出。如此就挑了1針。

3

同樣將棒針穿入邊緣的第1針目內側，將一圈288針目平分至4根棒針中的3根，挑針。

4

全部挑針後的狀態。此為第1段。

5

編織第2段。用4根棒針中剩下的1根織環編（參照P.47）。

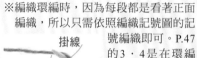

※編織環編時，因為每段都是看著正面編織，所以只需依照編織記號圖的記號編織即可。P.47的3・4是在環編的情況下，掛線後將針目移至右棒針上。

掛線

6

為了使針和針之間的針目緊密，一邊將毛線拉緊一邊編織。

7

一邊參照編織記號圖，一邊繼續編織。

8

編織至20段，套收收針處，完成衣襬。

完成！

領子・下襬展開後的狀態

綁帶麻花波蕾若

分量感恰到好處的一款波蕾若外套，樸素的
可愛感是其魅力所在。因為是輕巧的短袖設
計，而且使用極太的毛線來編織，感覺似乎
可以在短期間內迅速的完成。

18
波蕾若

編織方法…P.52

毛線…Wister Alpaca Soft
設計…河合真弓
製作…關谷幸子

使用毛線
Wister Alpaca Soft
棕色（3）440g

工具
「マミーの四季」硬質單頭棒針2本針　8mm
ETIMO有柄鉤針　8/0號
麻花針

密度
織片　1組花樣（14針）＝8.5cm　14針＝10cm
上針的平針編織　10.5針＝10cm　14段＝10cm

成品尺寸
胸圍98cm　後領口中心至袖口37cm　衣長49cm

編織方法
1.一般起針法起針，以單鬆緊針和上針的平針編織後衣身。
2.一般起針法起針，以單鬆緊針、織片、上針的平針編織前衣身。
3.肩膀部分引拔接合（因為前肩比後肩多1針目，所以在前肩一邊作一次2併針，一邊接合），脇邊進行段對段的綴縫、袖下作上針的平針接合。
4.編織領圍・綁繩。

2段平
4-1-2
2-1-2
2-2-2　減
2-3-1
2-4-1
▲＝

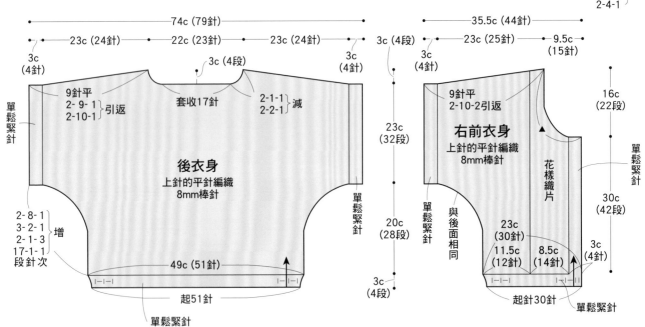

※左前衣身與右前衣身
　左右對稱編織。

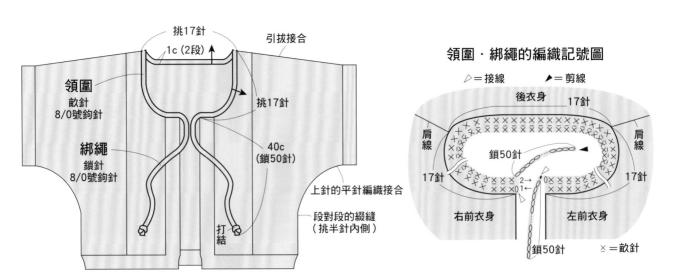

領圍・綁繩的編織記號圖

▷＝接線　　▶＝剪線

×＝畝針

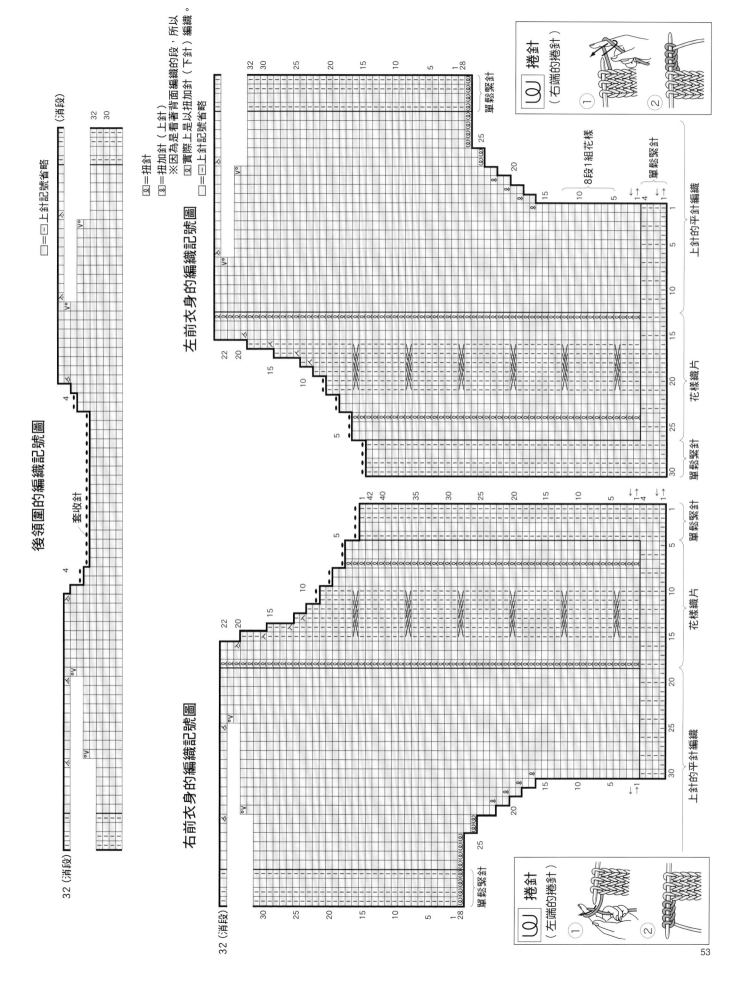

鏤空束腰罩衫

使用極粗毛線編織而成的粗織目罩衫，
是給人懷舊印象的一款單品。胸前的鏤
空花樣，以及流蘇裝飾的腰間綁繩是設
計重點。

19
罩衫

編織方法…P.56

毛線…Wister Nature極太
設計…川路ゆみこ
製作…桂木里美

54

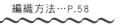

編織方法…P.58

毛線…Wister 可洗合太（中粗）
設計…河合真弓
製作…西村文子

北歐風Ｖ領上衣

這款毛線上衣以飄曳寬大的喇叭袖與大Ｖ領，
營造出休閒感。在領圍和袖口上織入北歐風的
圖案，增添民族風的氛圍。

20
毛線上衣

使用毛線
Wister Nature極太
焦茶色（13）380g

工具
「マミーの四季」硬質單頭棒針2本針　12號
ETIMO有柄鉤針　8/0號

密度（10cm四方形）
平針編織・花樣織片　15針19段

成品尺寸
胸圍93cm　肩背寬34cm　衣長70cm

編織方法
1.一般起針法起針，以平針、花樣織片編織前後衣身、前後肩襠。
2.肩膀部分作套收接合、脇邊進行段對段的綴縫。
3.在領圍、袖襱、下襬織緣編。
4.編織綁繩，穿過肩襠的穿繩位置。
5.在綁繩的前端繫上流蘇。

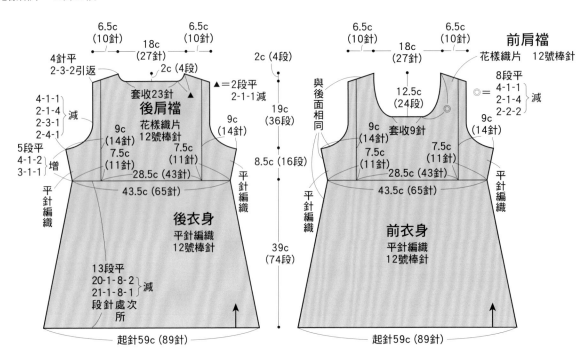

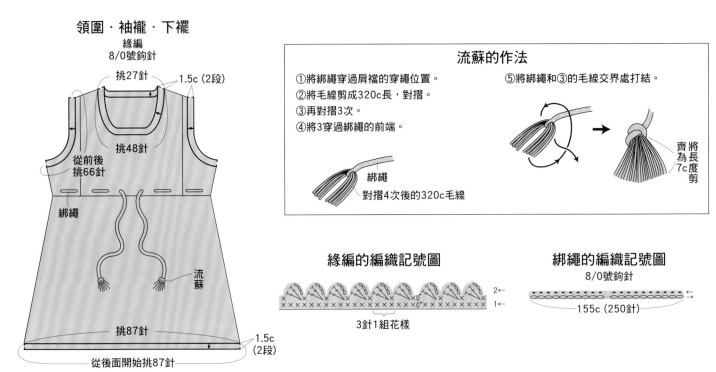

領圍・袖襱・下襬
緣編
8/0號鉤針

挑27針　1.5c（2段）
挑48針
從前後挑66針
綁繩
挑87針　1.5c（2段）
從後面開始挑87針
流蘇

流蘇的作法
①將綁繩穿過肩襠的穿繩位置。
②將毛線剪成320c長，對摺。
③再對摺3次。
④將3穿過綁繩的前端。
⑤將綁繩和③的毛線交界處打結。
將長度剪齊為7c
綁繩
對摺4次後的320c毛線

緣編的編織記號圖
3針1組花樣
2←
1←

綁繩的編織記號圖
8/0號鉤針
155c（250針）

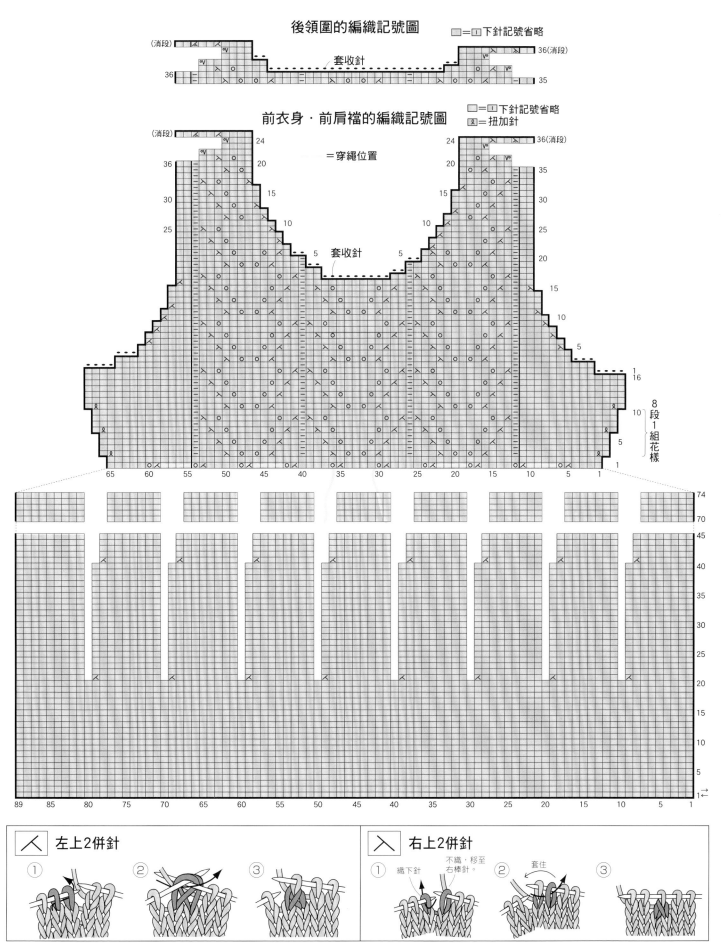

後領圍的編織記號圖

□=⊡下針記號省略

套收針

前衣身・前肩襠的編織記號圖

□=⊡下針記號省略
⊠=扭加針

=穿繩位置

套收針

8段1組花樣

左上2併針

① ② ③

右上2併針

① 織下針　不織，移至右棒針。
② 套住
③

使用毛線
Wister　可洗合太（中粗）
淺棕色（3）190g
原色（1）20g
棕色（5）15g

工具
「マミーの四季」硬質單頭棒針2本針　5號、4號

密度（10cm四方形）
平針編織、織入圖案　23.5針 29段
起伏針　23.5針 33段

成品尺寸
衣長55cm

編織方法
1. 一般起針法起針，以起伏針、平針編織肩襠，再於其上織入圖案，套收收針處。編織相同的2片。
2. 分別在肩襠的兩端挑針，編織衣身的花樣。
3. 衣身脇邊進行段對段的綴縫。

肩襠（2片）

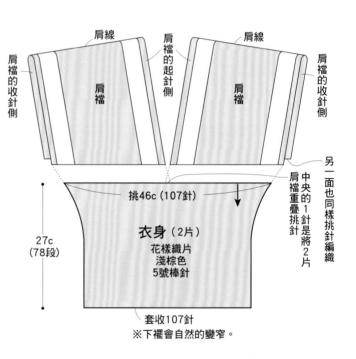

1.5c（5段）
套收111針　起伏針　淺棕色　4號棒針
47c（111針）
4c（12段）
織入圖案　5號棒針
15c（44段）
平針編織　淺棕色　5號棒針　肩線
7-1-1
6-1-1
4-1-7
3-1-1 減
段針次
4c（12段）
織入圖案　5號棒針
1.5c（5段）
起針56c（131針）
起伏針　淺棕色　4號棒針

※織入花樣的配色請參照編織記號圖。

完成作法

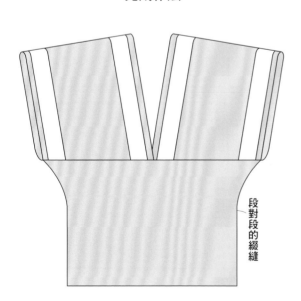

段對段的綴縫

肩線　肩襠的起針側　肩線
肩襠的收針側　肩襠　肩襠　肩襠的收針側
另一面也同樣挑針編織
挑46c（107針）
衣身（2片）
花樣織片
淺棕色
5號棒針
中央的1針是將2片肩襠重疊挑針
27c（78段）
套收107針
※下襬會自然的變窄。

衣身的編織記號圖

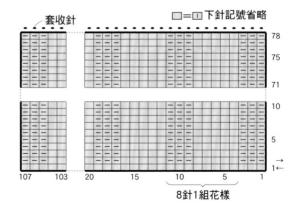

套收針　□=|| 下針記號省略

78
75
71
10
5
1←

107　103　20　15　10　5　1

8針1組花樣

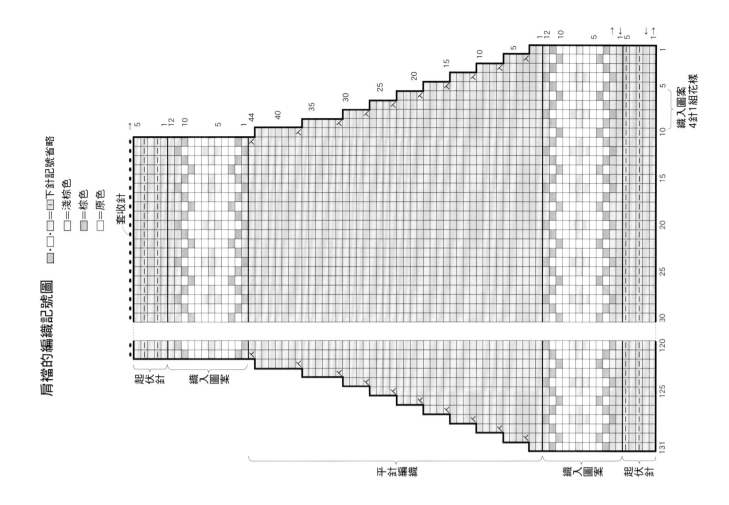

肩檔的編織記號圖

下針記號省略
□=□=□=淺棕色
□=棕色
■=棕色
□=原色
●=套收針

起伏針
織入圖案

平針編織
織入圖案
起伏針

織入圖案
4針1組花樣

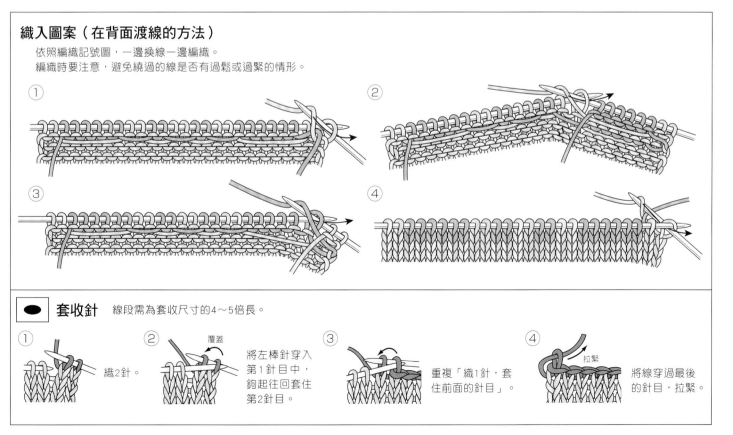

織入圖案（在背面渡線的方法）

依照編織記號圖，一邊換線一邊編織。
編織時要注意，避免繞過的線是否有過鬆或過緊的情形。

① ② ③ ④

套收針 線段需為套收尺寸的4～5倍長。

① 織2針。

② 覆蓋 將左棒針穿入第1針目中，鉤起往回套住第2針目。

③ 重複「織1針，套住前面的針目」。

④ 拉緊 將線穿過最後的針目，拉緊。

編織方法…P.62

毛線…Wister MOHAIR
設計…橫山純子
製作…內山かほる

拼接鏤空罩衫

以輕巧且柔軟的觸感為魅力的毛海線編織
而成。在高腰的位置上拼接織片，製造出
寬鬆又貼身的版型。蕾絲般的織片洋溢著
女性的浪漫風情。

21
罩衫

22
連身洋裝

森林系針織洋裝

因為裙子部分採用了前開釦的設計，穿搭時可隨興扣至喜歡的位置為止。是一款適合與裙子或洋裝層次穿搭的針織洋裝。

編織方法…P.64

毛線…Wister Nature合太（中粗）
設計…河合真弓
製作…根本絹子

使用毛線
Wister MOHAIR
苔綠色（12）180g

工具
ETIMO有柄鉤針　5/0號、3/0號

密度
織片A　21針＝10cm　9.5段＝10cm
織片B　1組花樣＝6cm　8.5段＝10cm

成品尺寸
胸圍93cm　背肩寬36cm　衣長66cm

編織方法
1.鎖針起針，以織片A鉤織前、後肩襠。
2.從起針針目挑針，以織片B鉤織前、後衣身。
3.以捲針縫接合肩膀部分，脇邊作「鎖針3針和引拔縫合」。
4.在領圍、袖襱鉤織緣編。

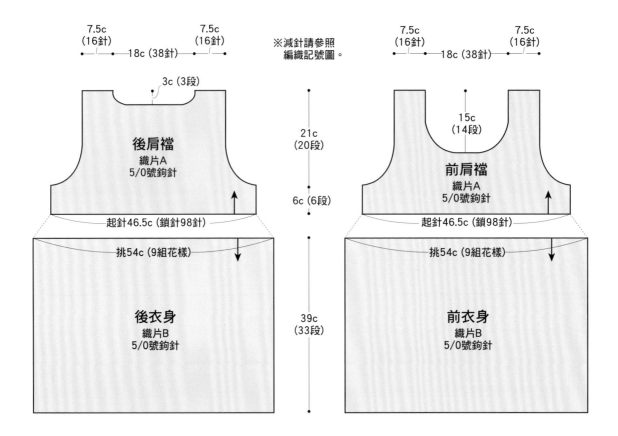

7.5c（16針）　18c（38針）　7.5c（16針）

※減針請參照編織記號圖。

7.5c（16針）　18c（38針）　7.5c（16針）

3c（3段）

後肩襠
織片A
5/0號鉤針

15c（14段）

前肩襠
織片A
5/0號鉤針

21c（20段）

6c（6段）

起針46.5c（鎖針98針）

起針46.5c（鎖針98針）

挑54c（9組花樣）

挑54c（9組花樣）

後衣身
織片B
5/0號鉤針

39c（33段）

前衣身
織片B
5/0號鉤針

領圍・袖襱
緣編　3/0號鉤針

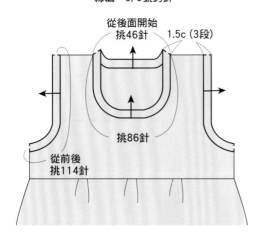

從後面開始
挑46針　1.5c（3段）

挑86針

從前後
挑114針

緣編的編織記號圖

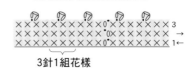

3針1組花樣

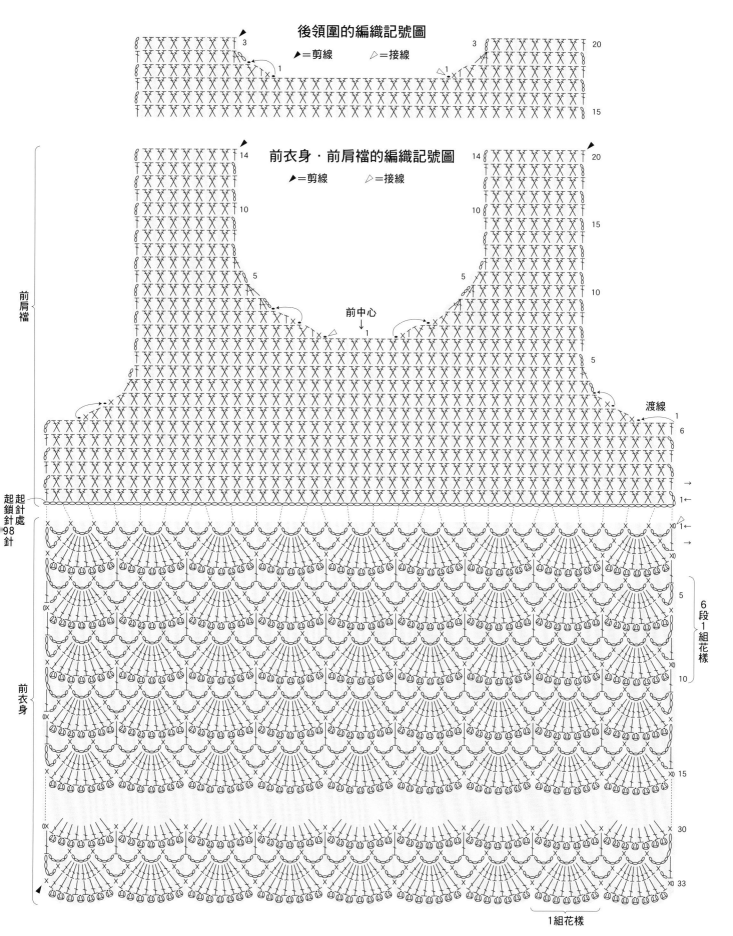

後領圍的編織記號圖

▶=剪線　　▷=接線

前衣身・前肩襠的編織記號圖

▶=剪線　　▷=接線

前中心

渡線

前肩襠

前衣身

起針處
起鎖針
98針

6段1組花樣

1組花樣

使用毛線
Wister Nature合太（中粗）
原色・淺褐色混線（4）430g

其他材料
鈕釦（直徑15mm）9個

工具
ETIMO有柄鉤針　4/0號

密度（10cm四方形）
織片A　30針16段

成品尺寸
胸圍91cm　肩背寬35.5cm　衣長80.5cm

編織方法
1.鎖針起針，以織片A鉤織前、後肩襠。
2.以捲針縫接合肩膀部分，脇邊作「鎖針3針和引拔縫合」。
3.從起針針目挑針，以織片B～D鉤織衣身裙襬。
4.在領圍、袖襱鉤織緣編。
5.鉤織裙襬開口前立的緣編，2片上方在前肩襠重疊，以捲針縫接合。
6.縫上鈕釦。

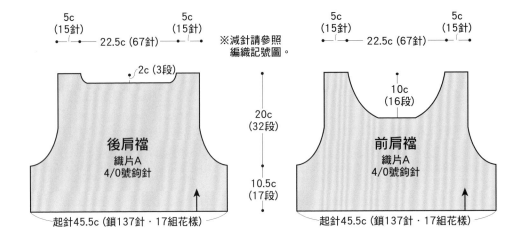

5c
（15針）
5c
（15針）
22.5c（67針）
※減針請參照
編織記號圖。

2c（3段）

後肩襠
織片A
4/0號鉤針

20c
（32段）

10.5c
（17段）

起針45.5c（鎖137針・17組花樣）

5c
（15針）
5c
（15針）
22.5c（67針）

10c
（16段）

前肩襠
織片A
4/0號鉤針

起針45.5c（鎖137針・17組花樣）

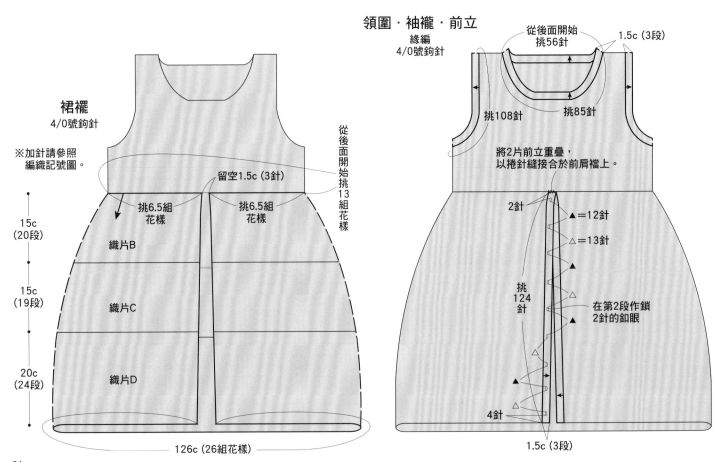

裙襬
4/0號鉤針

※加針請參照
編織記號圖。

15c
（20段）

15c
（19段）

20c
（24段）

留空1.5c（3針）

挑6.5組
花樣

挑6.5組
花樣

織片B

織片C

織片D

從後面開始挑13組花樣

126c（26組花樣）

領圍・袖襱・前立
緣編
4/0號鉤針

從後面開始
挑56針

1.5c（3段）

挑108針

挑85針

將2片前立重疊，
以捲針縫接合於前肩襠上。

2針

▲＝12針
△＝13針

挑
124
針

在第2段作鎖
2針的釦眼

4針

1.5c（3段）

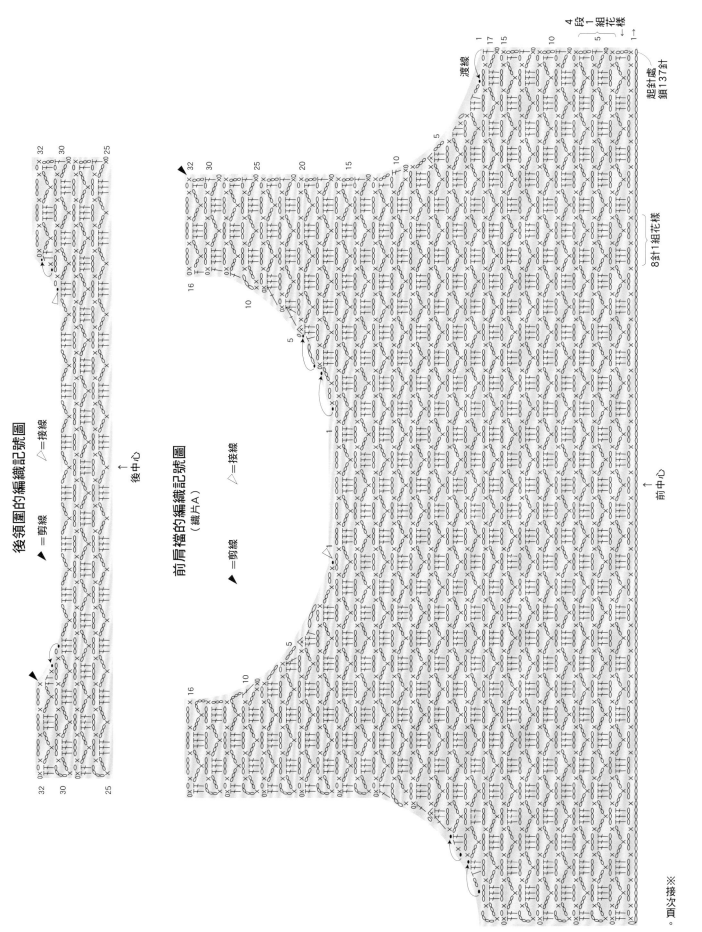

後領圍的編織記號圖

▲＝剪線　△＝接線

後中心

前肩檔的編織記號圖
（織片A）

▲＝剪線　△＝接線

前中心

4段1組花樣

8針1組花樣

起針處
鎖針137針

渡線

※接次頁。

裙襬的編織記號圖
（從前肩檔的起針處挑針）

▲＝剪線　△＝接線
▲＝剪線　△＝接線

前中心（空3針，再挑針編織裙襬）→

後肩檔
右脇
前肩檔

←24
↑
←21
5
2段1組花樣
1
19
5
2段1組花樣
1
20
17
5
2段1組花樣
1
→1

織片D
織片C
織片B

※ ʕ× ＝ ʕ×

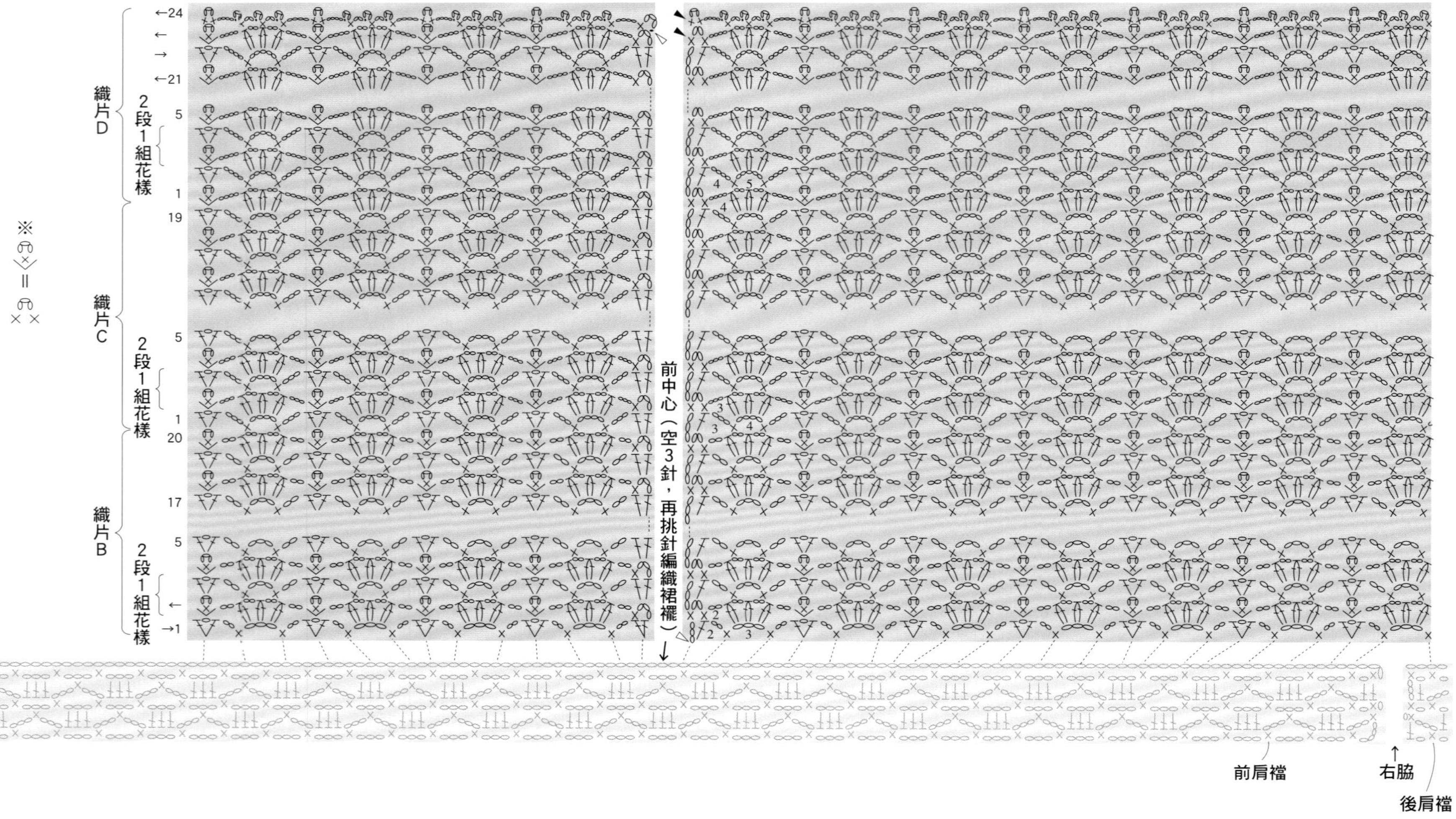

※織片B～D是花樣之間的鎖針數不同。

裙襬的編織記號圖
（從後肩檔的起針處挑針）

後中心→

左脇→

織片D
24 21 5 1

織片C
19 5 1

織片B
20 17 5

↓→1

右脇→

後肩檔

前肩檔

領圍・袖襱的編織記號圖

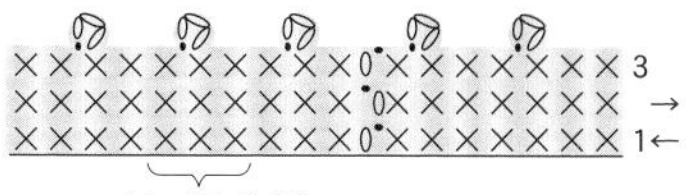

3針1組花樣

前立的編織記號圖

將2片前立重疊，
以捲針縫固定於肩檔上。

肩檔

2針
2針

12針

裙襬

2針

13針

釦眼
（僅右前開釦眼）

重複

3針1組花樣

1 3
↑ ↓

67

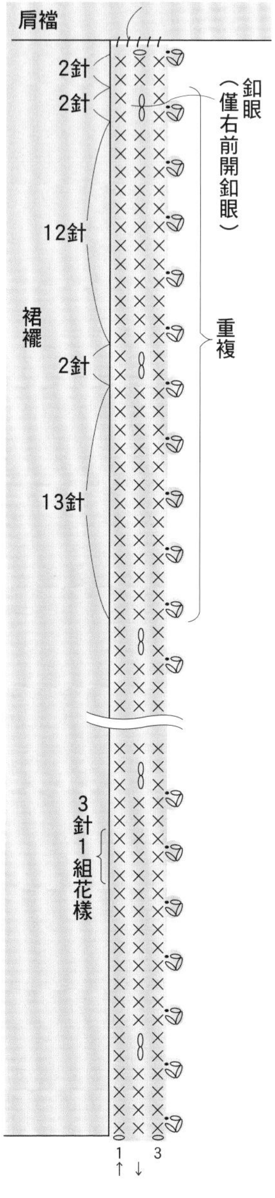

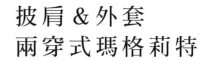

披肩 & 外套
兩穿式瑪格莉特

織入玉針的鏤空花樣，展現出甜美可愛的風格。因為是無加減針編織而成的長方形形式，所以只要釦上鈕釦即可變成披肩，是一款方便穿搭的實用單品。

23
瑪格莉特

編織方法…P.69

毛線…Wister Sulphide Mohair
設計…川路ゆみこ
製作…西村久實

使用毛線
Wister Sulphide Mohair
灰色（35）200g

其他材料
鈕釦（直徑15mm）8個

工具
ETIMO有柄鉤針　5/0號

密度
花樣織片　1組花樣＝4.5cm　9段＝10cm

成品尺寸
寬41cm　長122cm

編織方法
1.鎖針起針，以花樣織片鉤織瑪格莉特外套。
2.從起針針目挑針，在另一側也鉤織織片。
3.從兩脇挑針，鉤織緣編。
4.縫上鈕釦。

瑪格莉特的編織記號圖

▶＝剪線　　　※ ＝

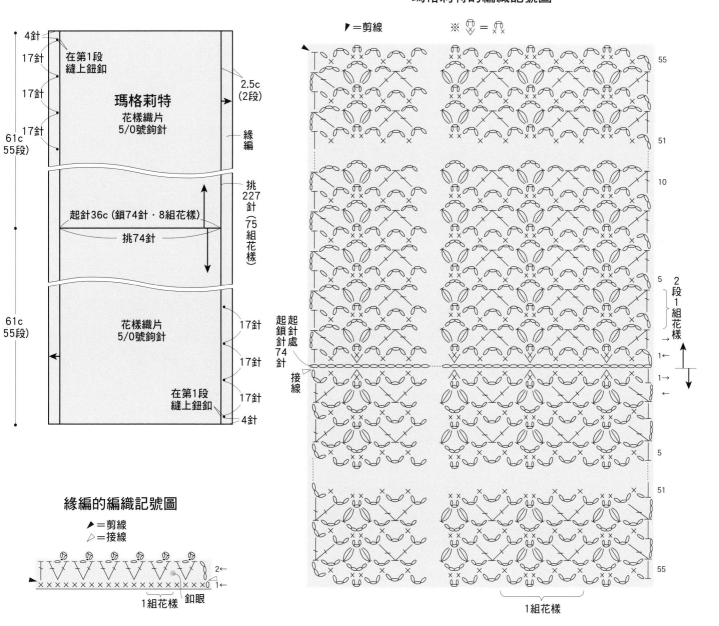

4針
17針
在第1段縫上鈕釦
17針
17針
61c（55段）

2.5c（2段）
緣編

瑪格莉特
花樣織片
5/0號鉤針

挑227針（75組花樣）

起針36c（鎖74針·8組花樣）
挑74針

起針處
起鎖針74針
接線

花樣織片
5/0號鉤針

17針
17針
17針
4針
在第1段縫上鈕釦

61c（55段）

2段1組花樣

緣編的編織記號圖

▶＝剪線
▷＝接線

2←
1←
0
1組花樣　釦眼

1組花樣

69

簡易脖圍

宛如梅比斯環般連接而成的脖圍，是近來十分流行的服飾小物。只需將毛線穿過網片，即可輕鬆編織完成。像披肩般隨意搭在肩上，或重疊圍繞作為保暖的頸套……依照不同的使用方法，可享受豐富多變的穿搭樂趣。

24
脖圍

24 編織方法…P.72

毛線…Wister Alpaca Soft
設計…yukimi

25
脖圍

25 編織方法…P.73

毛線…Wister Sulphide Mohair
設計…yukimi

流蘇披肩

26
披肩

這件如棉花糖般蓬鬆又具存在感的披肩，穿起來
感覺類似日本和服的短外褂。以兩片毛線網製作
而成。因為使用了粗紗的竹節毛線，讓整體呈現
厚薄不一的些微活潑感。

編織方法…P.74

毛線…Wister Nature Slub
設計…yukimi

使用毛線

Wister　Alpaca Soft

淺褐色（2）65g

原色（1）30g

其他材料

編織網（Wister　Knit Net）

　原色（53・約21×140cm）1片

工具

編織網用毛線針

成品尺寸

寬約22cm

編織方法

1.淺褐色的毛線剪成160cm×24條，原色的線為
　160cm×12條。

2.將線穿過編織網專用的毛線針，參照毛線穿
　入方法的圖，將線陸續穿過編織網中。

3.將編織網扭轉1次，以回針縫接縫兩端，使其
　變成像是梅比斯環。

4.將線尾穿入背面，作收尾處理。

脖圍

編織網
1片

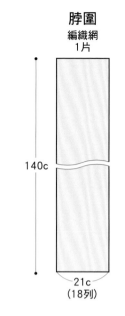

140c

21c
（18列）

※雖然編織網本身的寬度約為21c，
　但依照使用毛線的粗細和數量，
　成品尺寸也會隨之改變。

毛線的穿入方法

①淺褐色的毛線剪成160cm×24條、原色的線為160cm×12條。

②將線穿過編織網專用的毛線針，如下圖般將兩條線陸續穿過編織網的每1列中。

完成作法

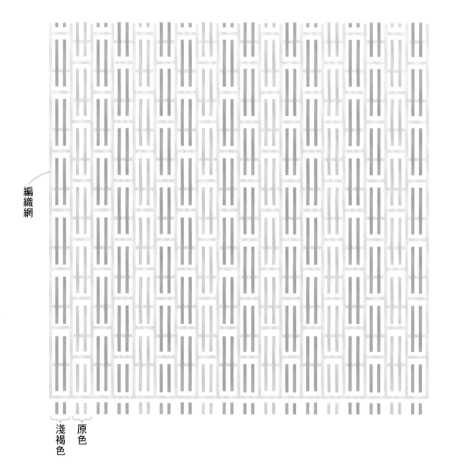

以回針縫
接縫邊緣

扭轉1次

※線尾穿入背面，作收尾處理。

編織網

淺
褐
色　原色

使用毛線
Wister Sulphide Mohair
紫色（34）35g

其他材料
編織網（Wister Knit Net）
　焦茶色（54・約21×140cm）1片

工具
編織網用毛線針

成品尺寸
寬約19cm

編織方法
1.將毛線剪成160cm×54條。
2.將線穿過編織網專用的毛線針，參照毛線穿
　入方法的圖，將線陸續穿過編織網中。
3.將編織網扭轉1次，以回針縫接縫兩端，使其
　變成像是梅比斯環。
4.將線尾穿入背面，作收尾處理。

脖圍
編織網
1片

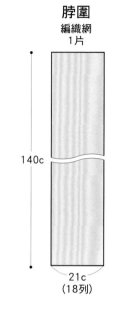

140c

21c
（18列）

※雖然編織網本身的寬度約為21c，
　但依照使用毛線的粗細和數量，
　成品尺寸也會隨之改變。

完成作法

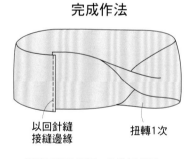

以回針縫
接縫邊緣

扭轉1次

※線尾穿入背面，作收尾處理。

毛線的穿入方法

①將毛線剪成160cm×54條。
②將線穿過編織網專用的毛線針，如下圖般將三條線陸續穿過編織網的每1列中。

編織網

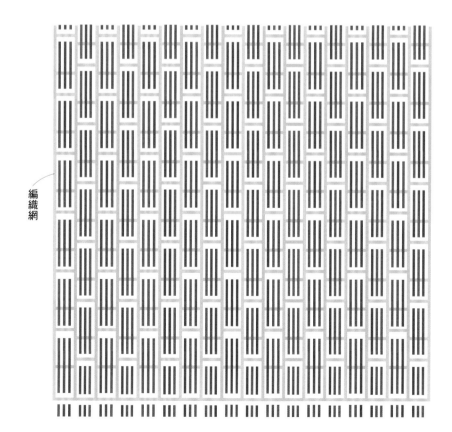

使用毛線
Wister Nature Slub
原色（21）160g

其他材料
編織網 原色（53·約21×140cm）2片
鈕釦（直徑25mm）1個
底釦（直徑12mm）1個

工具
編織網用毛線針

成品尺寸
寬約42cm 長約132cm（不含流蘇）

編織方法
1.毛線剪成170cm×70條。
2.將線穿過編織網專用的毛線針，參照毛線穿入方法的圖，將線陸續穿過編織網中。
3.線端打結，製作流蘇。
4.縫上鈕釦。

披肩
編織網
2片

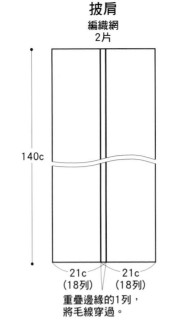

140c

21c
（18列）

21c
（18列）

重疊邊緣的1列，
將毛線穿過。

完成作法

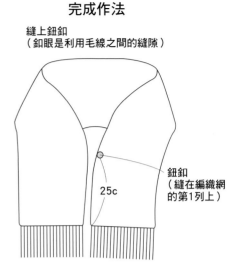

縫上鈕釦
（釦眼是利用毛線之間的縫隙）

鈕釦
（縫在編織網的第1列上）

25c

※雖然編織網本身的寬度約為21c，但依照使用
　毛線的粗細和數量，成品尺寸也會隨之改變。

鈕釦縫法
（有底釦的情況）

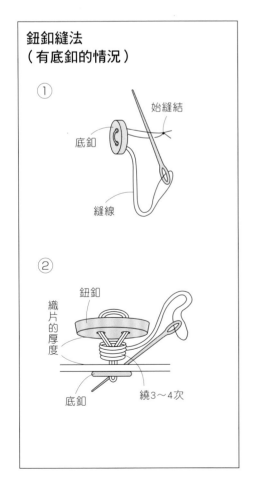

① 始縫結
底釦
縫線

② 鈕釦
織片的厚度
底釦
繞3～4次

毛線的穿入方法

①毛線剪成170cm×70條。
②將線穿過編織網專用的毛線針，如下圖般
　將2條線陸續穿過編織網的每1列中。

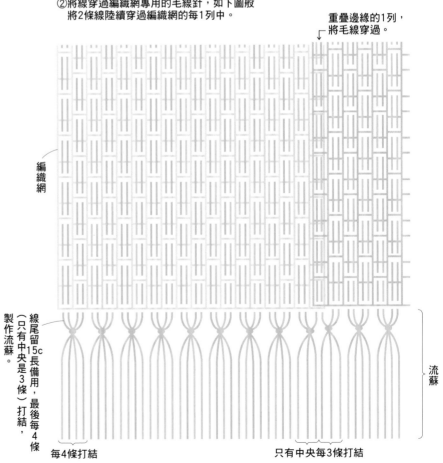

重疊邊緣的1列，
將毛線穿過。

編織網

線尾留5c長備用（只有中央是3條）打結，製作流蘇。

每4條打結

只有中央每3條打結

流蘇

基本技巧
～在開始編織之前～

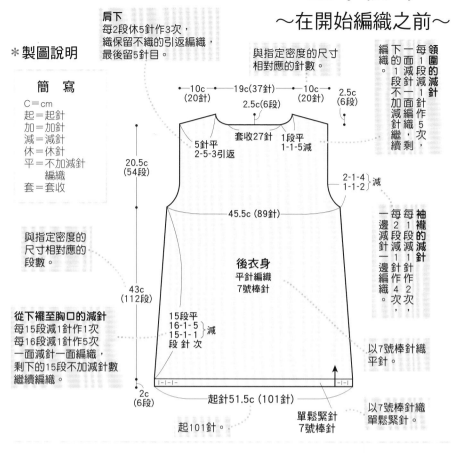

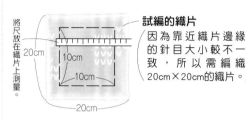

＊製圖說明

簡 寫

C＝cm
起＝起針
加＝加針
減＝減針
休＝休針
平＝不加減針編織
套＝套收

與指定密度的尺寸相對應的段數。

從下襬至胸口的減針
每15段減1針作1次
每16段減1針作5次
一面減針一面編織，
剩下的15段不加減針數
繼續編織。

肩下
每2段休5針作3次，
織保留不織的引返編織，
最後留5針目。

與指定密度的尺寸相對應的針數。

領圍的減針
下一面的1段針不加減針繼續編織剩一面減1針編織5次，

・10c・ ─19c(37針)─ ・10c・ 2.5c
(20針) 2.5c(6段) (20針) (6段)

套收27針

5針平 1段平
2-5-3引返 1-1-5減

2-1-4
1-1-2 }減

45.5c (89針)

袖襱的減針
每1段減1針作2次，每2段減1針一邊編織4次，一邊減針

後衣身
平針編織
7號棒針

20.5c
(54段)

43c
(112段)

以7號棒針織平針。

15段平
16-1-5
15-1-1
段 針 次 }減

以7號棒針織平針。

以7號棒針織單鬆緊針。

2c
(6段)

起針51.5c (101針)

起101針。

單鬆緊針
7號棒針

＊密度

所謂的「密度」是指織片的密度，表示10cm×10cm織片中的針數與段數。因為密度會依編織者不同而產生變化，所以即使使用書中指定的毛線和編織針，也不一定能夠編織出相同的尺寸。請先試織，測量自己的織片密度。

試編的織片
因為靠近織片邊緣的針目大小較不一致，所以需編織20cm×20cm的織片。

將尺放在織片上測量。

以不損傷針目的力道，用蒸氣熨斗輕輕壓整燙織片後，計算織片中央10×10cm的針數、段數。

※若針數、段數比書中指定的密度還要多（針目緊密），可改以較粗的針編織；若較少（針目鬆大），則改換較細的針來進行調整。

＊鉤針編織記號圖說明

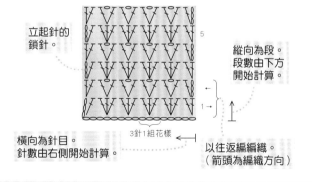

立起針的鎖針。

縱向為段。段數由下方開始計算。

3針1組花樣

橫向為針目。針數由右側開始計算。

以往返編織。（箭頭為編織方向）

＊棒針編織記號圖說明

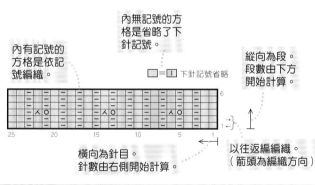

內有記號的方格是依記號編織。

內無記號的方格是省略了下針記號。

□＝回 下針記號省略

縱向為段。段數由下方開始計算。

橫向為針目。針數由右側開始計算。

以往返編織。（箭頭為編織方向）

～鉤針編織的基礎技巧～

＊起針
以線圈作輪狀起針 ※以第1段為短針編織的情況說明。

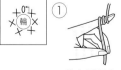
① 線在手指上繞2圈。

② 將鉤針穿入線圈中，掛線後將線鉤出。

③ 掛線，將線依箭頭方向鉤出。

④ 織第1段立起針的鎖針，將鉤針穿入線圈中，掛線後將線依箭頭方向鉤出，鉤織短針。

立起針的鎖1針

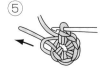
⑤ 編織完所需的針數後，拉線，使鉤針針目縮小成一個環。

⑥ 再拉另一條線，收緊尾端的線圈。

⑦ 將鉤針依箭頭方向穿入第1針的短針中，鉤引拔針。

以鎖針作輪狀起針　※以第1段為長針編織的情況說明。

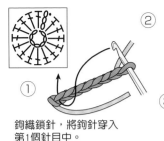

① 鉤織鎖針，將鉤針穿入第1個針目中。

②
③ 鉤織作為第一段立起針的鎖3針。

掛線後將線鉤出。

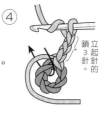

④ 立起針的鎖3針。
掛線，將鉤針依箭頭方向穿入。

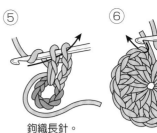

⑤ 鉤織長針。

⑥ 編織完所需的針數後，將鉤針依箭頭方向穿入立起針的鎖針第3針中，鉤引拔針。

鎖針起針…P.18

＊針目記號

╳	短針…P.16
┬	中長針…P.41
┬	長針…P.16
◊	2長針的玉針…P.42
◊	3長針的玉針…P.30

⊗	3中長針的變化形玉針…P.19
⋏	2短針併針…P.19
⋔	3長針併針…P.31
Ψ	3長針加針…P.31

○ **鎖針**　※掛在鉤針上的線圈不算1針。

① 掛線後將線鉤出。
② 重複相同的動作鉤織。

③

● 引拔針

① 鉤針依箭頭方向穿入。
② 將線一次引拔鉤出。

₮ 長長針

① 立起針的鎖4針 基底針目
② ③
④ ⑤

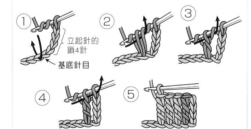

╳ 短針的畝針

① ②
鉤往返編織。將鉤針穿入前段鎖針內側的1條線中。
鉤織短針。

◊ 3中長針的玉針

① ②
③ 第1針 第2針 第3針
④
在前段的同一針目中鉤織未完成的中長針3針。
將線一次引拔鉤出。

⋏ 2短針加針

① ②
③
鉤1針短針。
在同一針目再鉤1針短針。
1針增加為2針。

Ｖ 2長針加針

① ② ③
鉤織長針1針。
在同一針目再鉤1針長針。1針增加為2針。

※ Ψ 是在同一針目鉤織5針長針。

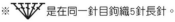

⋏ 2長針併針

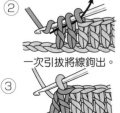

① ②
③
鉤織未完成的長針2針。
一次引拔將線鉤出。

※「未完成」是指織目再經過1次引拔，即可完成的狀態。

結粒針

① 鎖3針 ②
③
鉤鎖針3針，將鉤針依箭頭方向穿入。
一次引拔將線鉤出。

╳ 1長針的交叉針

① ②
將鉤針依箭頭方向穿入，鉤織長針。
將鉤針依箭頭方向穿入。

③ ④
宛如包住剛才鉤好的長針針目般，鉤織長針。

＊接合

捲針縫

以毛線針挑織目上方的鎖針針目。

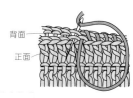
背面相對挑鎖針1條的方法

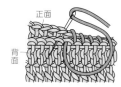
正面相對挑鎖針2條的方法

＊挑束

從前段的鎖針針目挑針時，鉤針依箭頭方向將全部鎖針挑起的動作稱為「挑束」。

鎖針3針和引拔縫合…P.29

＊一邊鉤織織片的最終段，一邊以引拔針接合的方法

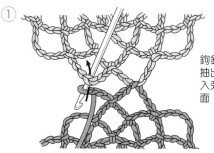
①

② 鉤針暫時從織目抽出，將鉤針穿入旁邊織片的正面，將線鉤出。
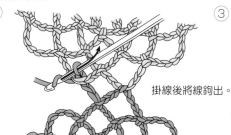

③ 掛線後將線鉤出。
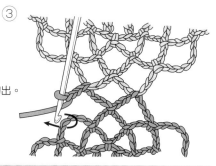

～棒針編織的基礎技巧～

＊起針

一般起針

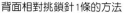

① 掛於食指的線（線球側）　掛於大姆指的線（線頭）　留編織寬度的3～4倍長

② ③ ④

⑤ ⑥ ⑦

⑧ 織完所需針數後，將其中1根棒針抽出。將此起針針目算為第1段。

別線鎖針起針

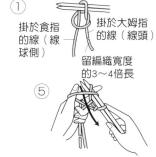
① 鎖針的裏山　鎖針的起針處　棒針穿入的方向

以別線編織比所需針數多5針左右的寬鬆鎖針。

② 將棒針穿入鎖針的裏山，織第1段。

③ 編織所需針數。將此起針針目算為第1段。

※別線鎖針起針的挑針方法

①
之後挑針時，一面將別線的鎖針拆開，一面將針目移至棒針。

②
將棒針穿入線圈中。

＊針目記號

| ｜ | 下針 |

① ② ③ ④

| ― | 上針 |
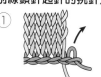
① ② ③ ④

＜	左上2併針…P.57
＞	右上2併針…P.57
○	掛針…P.24
ω	捲針…P.53
∨	滑針…P.43

| 入 右上2併針（上針） | 人 左上2併針（上針） | Q 扭針 |

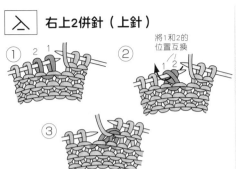
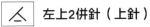

將1和2的位置互換

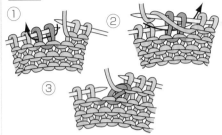

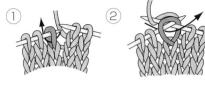

以將前段針目扭轉的方式穿入棒針，織下針。

| Q 扭加針（下針） | Q 扭針（上針） | Q 扭加針（上針） |

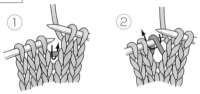

挑起繞過前段的橫線，以將前段針目扭轉的方式穿入棒針，織下針。

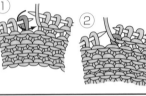

以將前段針目扭轉的方式穿入棒針，織上針。

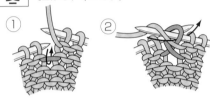

挑起繞過前段的橫線，以將前段針目扭轉的方式穿入棒針，織上針。

※扭針和扭加針是以相同的記號表示。
在編織記號圖中增加針數的是扭加針，無加針的則是扭針。

右上交叉

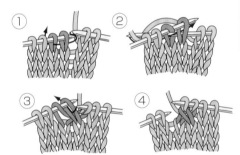

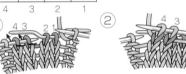
左上2針交叉

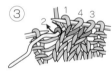

① 將1・2的針目移至麻花針上，放在另一側休針，暫時不織。

② 依3・4的順序織下針。

③ 將麻花針上休針的針目，依1・2的順序織下針。

④ 左上2針交叉完成。

…P.25

※ 以同樣的方式，使1～3的針目和4～6的針目交叉。

---

* 收縫

單鬆緊針的收縫　剪一條長度為收縫尺寸3～3.5倍的線，穿過縫針。

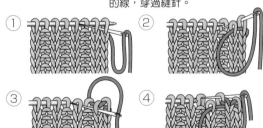

重複③～④。

套收針…P.59

* 接合

引拔接合…P.24　　段對段的綴縫…P.48

套收接合

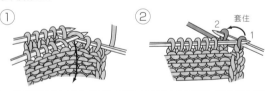

針和段的併縫
剪一條長度為併縫尺寸3倍長的線，以將縫合針目變成下針的方式輕輕縫合。即使在最終段是作套收針的情況下，也同樣將縫針穿過最終段的針目中。

上針平面併縫
剪一條長度為收縫尺寸3倍的線，以將縫合針目變成上針的方式縫合。

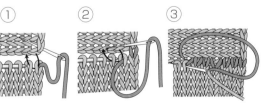
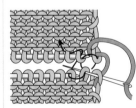

＊留下針目的引返編織

左側（左側的引返編是在織正面的段中留下針目）

【例】
4針平
2-4-3 引返
段針次

→消段

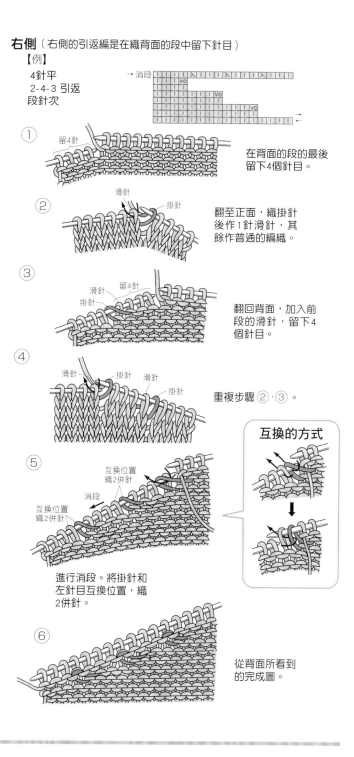

① 留4針

在正面的段的最後留下4個針目。

② 滑針　掛針

翻至背面，織掛針後作1針滑針，其餘作普通的編織。

※滑針…指不織針目，將針目移至右棒針上。

③ 滑針　留4針　掛針

翻回正面，加入前段的滑針，留下4個針目。

④ 滑針　掛針　滑針　掛針

重複步驟②・③。

⑤ 2併針　2併針　消段　2併針

進行消段。掛針是與下一個針目織2併針。

⑥ 從背面所看到的完成圖。

右側（右側的引返編是在織背面的段中留下針目）

【例】
4針平
2-4-3 引返
段針次

→消段

① 留4針

在背面的段的最後留下4個針目。

② 滑針　掛針

翻至正面，織掛針後作1針滑針，其餘作普通的編織。

③ 滑針　留4針　掛針

翻回背面，加入前段的滑針，留下4個針目。

④ 滑針　掛針　滑針　掛針

重複步驟②・③。

⑤ 互換位置 織2併針　互換位置 織2併針　消段

進行消段。將掛針和左針目互換位置，織2併針。

互換的方式

⑥ 從背面所看到的完成圖。

～其他的基礎技巧～

捲針縫

回針縫

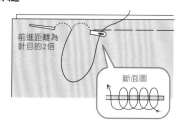

前進距離為針目的2倍

斷面圖

藏針縫

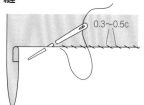

0.3～0.5c

【Knit・愛鉤織】09

超簡單！手織輕手感毛線衣

基礎針法打造甜美時尚

....

作　　　者／BOUTIQUE-SHA

發 行 人／詹慶和

總 編 輯／蔡麗玲

譯　　　者／林雅莉

執行編輯／蔡毓玲

編　　　輯／劉蕙寧・黃璟安・陳姿伶・李佳穎・李宛真

執行美編／陳麗娜

美術編輯／韓欣恬・周盈汝

內頁排版／造極

出 版 者／雅書堂文化

發 行 者／雅書堂文化事業有限公司

郵撥帳號／18225950

戶名：雅書堂文化事業有限公司

地　　　址／新北市板橋區板新路206號3樓

電　　　話／(02) 8952-4078

傳　　　真／(02) 8952-4084

電子郵件／elegant.books@msa.hinet.net

....

2017年01月　二版一刷　定價 350元

Lady Boutique Series　No.3109 NATURAL NI KITAI TEAMI NO KNIT

Copyright © 2010 BOUTIQUE-SHA

All rights reserved.

Original Japanese edition published in Japan by BOUTIQUE-SHA.

Chinese (in complex character) translation rights arranged with BOUTIQUE-SHA

through KEIO CULTURAL ENTERPRISE CO., LTD.

....

總 經 銷／朝日文化事業有限公司

進退貨地址／235新北市中和區橋安街15巷1號7樓

電　　　話／(02) 2249-7714

傳　　　真／(02) 2249-8715

....

國家圖書館出版品預行編目資料

超簡單！手織輕手感毛線衣：基礎針法打造甜美時尚 / Boutique-sha著；林雅莉譯.
-- 二版. -- 新北市：雅書堂文化, 2017.01
　面；　公分. -- (愛鉤織；9)
譯自：ナチュラルに着たい手編みのニット
ISBN 978-986-302-346-3(平裝)

1.編織 2.手工藝

426.4　　　　　　　　　　　　　　105023936